互联网 GIS 设计原理与开发技术方法

王艳军　著

U0248123

"国家一级出版社"　中国纺织出版社　"全国百佳图书出版单位"

图书在版编目（CIP）数据

互联网GIS设计原理与开发技术方法 / 王艳军著 .
-- 北京：中国纺织出版社，2018.1（2022.9重印）
ISBN 978-7-5180-3735-3

Ⅰ．①互… Ⅱ．①王… Ⅲ．①地理信息系统 Ⅳ．
①P208.2

中国版本图书馆CIP数据核字（2017）第151656号

责任编辑：国 帅 闫 婷　　　　　　　　责任印制：王艳丽
责任设计：桃 夭

中国纺织出版社出版发行
地　　　址：北京市朝阳区百子湾东里A407号楼　邮政编码：100124
邮购电话：010-67004461　　传真：010-87155801
http://www.c-textilep.com
E-mail:faxing@c-textilep.com
佳兴达印刷（天津）有限公司印刷　各地新华书店经销
2018年1月第1版　2022年9月第4次印刷
开本：787×1092　1/16　　印张：12.5
字数：268千字　　　　　　定价：68.50元

前　言

地球空间信息科学已经进入以"网络地理信息系统和服务"为主要特征的新地理信息时代，云计算、物联网和语义网等新技术越来越普适化，新的全球对地观测系统不断进步，获取的空间数据越来越海量化，数据的集成共享和现势性需求越来越迫切，功能应用的松散耦合和在线互操作模式越来越流行，遵循 OGC 制订的开放地理信息互操作标准规范和基于 SOA 构建互联网环境下分布式地理信息处理平台越来越引起研究者的重视。海量的多源多尺度异质异构地理数据的方便集成、快速融合和聚焦共享，功能设计和技术实现的松散化、粒度化和可扩展化，系统应用的大众化、开放性和多样性，都是互联网地理信息系统面临的问题和挑战。同时，传统的地理信息系统方式也不能满足现实应用的需要，有必要从单机封闭式系统发展到开放互操作平台，从静态数据管理发展到动态实时 / 准实时在线业务处理，从单专题管理信息系统发展到分布式网络环境下空间信息服务的应用方式。

本书针对这些方面的问题需求进行互联网地理信息系统的阐述，围绕涉及的计算机网络理论、地理信息系统和空间信息服务等技术，提出了分布式网络与云计算环境下的互联网 GIS 的构建和应用模式，研究当前流行的设计与实现技术，包括互联网 GIS 系统的体系结构、设计模式、开发方式与功能应用。本书将互联网地理信息系统设计原理与开发方法应用于智慧城市及其专题应用示范建设的案例实践中。

本书的重要内容：全面系统地阐述了互联网地理信息系统与服务相关的概念、理论、方法与技术；详细深入地描述了计算机网络技术和地理信息系统在互联网 GIS 平台构建中的作用和地位，并结合当前的下一代互联网、网格技术、云计算和智慧城市讲述互联网 GIS 发展趋势；引导启发地展示了互联网 GIS 在具体工程实践中的应用案例，为快速掌握和理解网络地理信息系统设计与实现提供参考。

本书特点：涉及内容较为广泛，基本原理和设计技术细节阐述详尽，资料素材和实践案例丰富，涉及专题应用较广。

本书的具体章节和内容结构安排如下：第 1 章为绪论，主要介绍互联网 GIS 的概念、产生背景、组成功能及其发展趋势，是本书的引言部分；第 2 章为计算机网络的基本理论，包括计算网络概述、相关协议、Web 相关概念、网络的扩展，侧重讲解计算机网络相关知识；第 3 章为互联网 GIS 基本体系架构，包括互联网 GIS 体系结构、工作原理和数据组织方式，是互联网 GIS 设计的基础；第 4 章为互联网 GIS 技术与实现，包括客户端、服务器端、中间层及开放互操作实现；第 5 章为移动 GIS 技术与应用，包括移动 GIS 概述、关键技术与应用；第 6 章为互联网 GIS 常用平台开发技术，包括开发平台概述、基于 ArcGIS　Server 的开发方法、基于地图服务 API 的开发方法和 OpenLayers 的开发技术及其开发示例；第 7 章为开源互联网 GIS 平台与指南，包括开源互联网 GIS 平台、基于 GeoServer 的开发方法；第 8 章为互联网 GIS 框架设计；第 9 章为互联网 GIS 应用设计方法。

由于水平和能力有限，本书难免存在错漏之处，在此敬请读者不吝赐教。恳切希望广大读者对本书提出宝贵意见。

作者于潇湘园

2017 年 2 月

目　录

第 1 章 绪 论

地理数据是空间信息的载体，表达了人类对地球表面空间位置与地理现象的关联理解。现实世界是复杂多变的，自然现象和活动大都与地理空间位置相关。在空间信息科学领域，这些海量地理数据及信息的网络集成共享成为空间信息科学应用的重要基础和前提，也随之产生互联网 GIS。同时，这些网络数据和信息在线处理面临的问题和需求，促进网络地理信息系统理论与技术的不断更新演进，是地理信息学科研究和实际应用的重要课题。

1.1 互联网 GIS 的概念

地理信息系统是关于地球及其周围地理现象空间数据获取、存储、管理、分析和显示的信息系统，主要由计算机硬件、数据、软件系统和用户等部分组成。自从加拿大的罗杰·汤姆林森在 20 世纪 60 年代提出"地理信息系统"以来，在其 40 多年的发展历程中已经取得了很大成就，并广泛地应用于土地利用、资源管理、环境监测、交通运输、城市规划、经济建设以及政府各职能部门（李德仁等，2009）。地理信息系统在 40 多年的历程中，大致经历了 20 世纪 50 年代末 60 年代初的起步阶段、20 世纪 80 年代后的发展阶段、20 世纪 90 年代的行业普及阶段和 21 世纪后的大众化服务阶段（乐鹏，2011）。目前，地理信息系统正处于大众化服务阶段，结合各种计算机、网络、高性能计算和信息科学等新技术，促进了地理信息获取实时化、处理自动化、服务网络化和应用社会化的发展。

随着计算机技术和网络技术的进一步发展，地理信息产品广泛地为社会大众使用和服务，国际组织 OGC（Open Geospatial Consortium，开放地理信息联盟）制定了一系列标准规范，实现分布式网络环境下的空间信息和处理功能的共享和互操作，主要包括 WMS（Web Map service，网络地图服务）、WCS（Web Coverage Service，网络覆盖服务）、WFS（Web Feature Service，网络要素服务）和 WPS（Web Processing Service，网络地理处理服务）等（OGC，2006，2007，2010）。特别是 Web 2.0、下一代互联网、传感器网络、网格计算、物联网、语义网和云计算的出现及其深入发展，计算资源已经从单机、局域网、互联网发展到移动物联网、分布式计算和语义网的普适云计算；地理信息软件体系结构从面向过程、面向对象发展到面向服务架构；分布式网络环境下的空间信息也从数据共享、信息共享走向以计算能力、存储能力和交互能力为主的服务共享。武汉大学李德仁院士和邵振峰教授总结这些最新的学科发展趋势，提出了"新地理信息时代"（李德仁等，2009）的概念，引起学界的广泛关注和赞同，可随时随地获得个性化的按需空间信息服务是新地理信息时代的典型特征。在此基础上，数字地球和智慧地球（李德仁等，2010）的概念、理论、技术和前景也正在成为现实。

互联网地理信息系统（network geographical information system），一般也称 Web GIS，是以互联网为载体并以其存储、组织、管理、分析和可视化地理关联信息的地理信息系统，是将互联网技术和 GIS 技术结合在一起，从而能够进行各种便利交互操作的 GIS，是一种大众化、开放化和灵性化的 GIS，涉及在网络环境下地理信息的模型、传输、管理、分析、应用的理论与技术。

互联网 GIS 是一个交互式的、分布式的、动态的地理信息系统，由多主机、多数据库与多终端，通过 Internet 或 Intranet 连接组成。主要有以下三大组成部分：

（1）Web 浏览器——用户通过其获取分布在网络上的地理信息；

（2）Web GIS 的信息代理——设定地理信息代理机制和协议；

（3）Web GIS服务器——根据用户请求，操作GIS数据库，为用户提供地理信息服务，实现和用户的动态交互。

互联网 GIS 的核心是在 GIS 中嵌入 HTTP 和 TCP/IP 标准，来实现 Internet 环境下的空间信息管理。

互联网 GIS 的应用方向可以分为两大类：

①基于 Internet 的公共信息在线服务，为公众提供交通、旅游、餐饮娱乐、房地产、购物等与空间信息有关的信息服务；

②基于 Intranet 的企业内部业务管理，如帮助企业进行设备管理、线路管理以及安全监控管理等。

互联网 GIS 应用一般分为五个层面：

①空间数据采集；

②空间数据管理；

③空间数据共享；

④空间处理共享；

⑤空间信息增值。

本书主要围绕以下方面展开论述：

（1）系统全面地阐述了网络地理信息系统与服务相关的概念、理论、方法与技术；

（2）详细深入地描述了计算机网络技术和地理信息系统在互联网 GIS 平台构建中的作用和地位，并结合当前的下一代互联网、网格技术、云计算和智慧城市阐述互联网 GIS 发展趋势；

③展示了互联网 GIS 在具体工程实践中的应用案例，为快速掌握和理解网络地理信息系统设计与实现提供参考。

本书属于互联网地理信息系统和服务科学领域，涉及的具体研究方向包括：空间数据集成和共享、空间信息服务和地理信息系统应用等。

1.2　互联网 GIS 产生背景

地理空间信息是一种多部门公共使用的基础性和战略性信息资源，对国家建设、经济发展及国家安全具有十分重要的作用和意义，大多数国内外政府、企事业单位和普通公众等较重视和关心地理信息的研究和应用。国内外学者对网络地理信息系统和服务等科学研究较为关注，在空间数据集成和共享、空间信息服务和地理数据更新方面取得不少成果。在新地理信息时代背景下，数字城市和智慧城市引起各级政府、企事业单位和普通公众的广泛重视。国内外学者基于空间信息科学已经取得的空间信息网格（李德仁，2005）、SDI（Spatial Data Infrastructure，空间数据基础设施）、DGIP（Distributed Geographic Information Processing，分布式地理信息处理）、地理空间框架和空间信息服务等成果，结合 SOA（Service-Oriented Architecture，面向服务的体系架构）、地理本体、语义网和云计算等新技术进行了较多前沿研究，下面将详细介绍。

1.2.1　GIS 系统发展介绍

由于多源异质异构空间数据，不同数据来源且海量获取，格式结构不同而需相互访问和调用。空间数据集成和共享主要就是解决不同应用系统间地理数据或信息的互操作应用问题。

（1）国外关于空间数据集成和共享的研究现状

国外及西方发达国家根据社会信息化对地理空间数据的强烈需求及其推动作用，在空间数据基础设施、多源异构空间数据集成融合、分布式地理信息处理及数字城市研究方面起步较早，并已取得显著成果。

1993 年 2 月，美国时任总统克林顿签署法令，建设全美的信息高速公路，将信息技术推进到人们的日常生活，并扩展到全世界。1994 年 4 月，克林顿又签署了"协调地理空间数据的获取与访问：国家空间数据基础设施"的 12906 号行政令，为信息高速公路生产提供地理空间数据。从其自身的利益和全球政治、经济、军事战略目标出发，1998 年 1 月美国副总统戈尔又提出了"数字地球"（Digital Earth，DE）的概念（Max Craglia 等，2012；Dr Alessandro Annoni 等，2011），认为"数字地球"是指以地球坐标为依据的、具有多分辨率、由海量数据组成的、能立体表达的虚拟地球，并将数字地球描述为一个可以嵌入海量地理数据的、多分辨率的真实地球的三维表示。近年来迅速发展的信息技术、数据基础设施和地球对地观测等也将促进"数字地球"的深入。美国地质调查局（USGS）负责国家地理空间数据框架的建设，该框架将提供一个数据共享的基础，任何组织和机构可以在其上添加其他专题的数据或者增加专题信息的应用，可为美国农作物生长期遥感监测等领域的科学应用提供支持。2010 年，美国联邦地理数据委员会（Federal Geographic Data Committee，FGDC）提出构建地理空间信息平台（Geospatial Platform），推动地理空间数据、服务及应用的共享，为各级政府提供支持，由提供权威数据的部门承担主要职能并进行管理，为政府机构和合作伙伴提供可被共享的基础设施。FGDC 实施地理空间信息平台的策略，带来的系列优势包括：各应用机构将采用一套通用的地理空间信息政策、规程、标准和数据模型协同工作；提供权威的、可获操作的地理空间信息和工具；采取适当激励措施，确保公平分摊技术上的投资费用，节约成本，不断进步和创新。

英国军械测量局支持的英国数字国家框架（Digital National Framework，DNF）是一种数据集成化、自动的信息服务模式，基于成熟的标准及应用建立，以满足多种空间/非空间信息集成应用的需求。其构成主要包括三个方面：

①NDF模型（模型层面）：协调NDF基本规则、参考模型、空间和时间参考模型和转换模型，对象模型，数据关联模型。

②数据注册（操作层面）：实现标识管理、特征或对象目录及分类、术语、量测的一致性等之间的协调工作。

③支撑条件：元数据、数据质量、数据交换、数据维护，及其他需要的指导材料。DNF 的任务和目标包括：鼓励和帮助数据提供者宣传他们拥有的地理信息数据，编制元数据库系统，使用户能够从 Internet 上找到所需数据；提供改进地理信息访问机制的指导建议，以帮助建立数据中介服务组织；寻求政府机构的支持，鼓励数据提供者使信息能为更多的人所应用；鼓励数据提供者使用 DNF 编制的各种标准以及所推荐的直接或间接的参考系统；协调在元数据及其相关数据能够给用户带来信心的各种保险程序的引进；促进和刺激那些能够鼓励更大规模信息集成及其市场的发育；通过评价改进英国地理信息开发能力的有关事务，促进地理信息使用效益的提高，为信息的使用提出具体建议。

加拿大空间数据设施和集成共享持续发展和成功使用的最基本因素是来自不同机构和学科的数据很容易地集成与应用。加拿大空间数据基础设施建设不仅保证现有的大量数据能够有效地被访问和使用，而且还给广大数据生产者和用户提供今后收集和维护数据所需的基础设施，从而使一个在线的、分布式的、能更新和充分集成的国家地理信息集成建设成为现实，并提供一个数据基准图层作为可视化的参考系统，使各种新老数据集在地理空间上得以相互配准，免费提供用户使用。主要的应用包括资源管理、海洋导航和航海制图、商业规划和运作、交通运输、公众安全和灾害管理、公共卫生、应急反应、财产制图和环境评价等方面。

在已建立的空间数据基础设施和数字地球成果基础上，Goodchild（2007）提出了地理信息科学概念和"人人成为自发传感器"的自发地理信息系统（Voluntary GIS，

VGIS）。国外研究者多关注分布式网络环境下的多源空间数据集成和融合，并进行共享和互操作研究，DGIP（C YANG 等，2009）的研究主要集中在以下六大研究领域：

①分布式地理信息处理的架构；

②空间计算问题；

③地理信息处理模型；

④共享地理处理单元的标准和接口，互操作问题；

⑤ DGIP 中的智能化问题；

⑥科学应用问题等六大研究领域。

Zhang Jianting 等（2006）主要研究了集成数据网格和 web 服务的生物物种分析系统。Gruber T（1995）和 Rudi Studer 等（1998）提出用于知识共享的本体设计的基本原则，此原则被空间信息研究者广泛接受，并进行了借鉴和扩展。Helen Couclelis（2010）研究了关注地理信息概念的地理本体论，提出语义缩减和问题对象概念表达为高层次概念组合的两种地理本体的构建方法；Peng Z R（2005）则提出要素级别空间数据共享的框架，基于 GML 编码和 WFS 并以交通网络数据为例，使得数据模型和语义一致并解决数据更新传播问题；Lutz M 和 Klien E（2006）详细描述了基于本体的地理信息检索方法，通过本体方法、共享术语和领域本体建模，提供专门的概念和关系描述的应用本体，并通过表达地理要素类型的描述逻辑和用户的查询，获取地理信息描述逻辑的查询概念，获取 WFS 检索的查询过滤语言；Wang X 等（2010）研究了一种空间信息聚类分析的本体框架，是特定的地理处理模型知识建模和本体推理尝试，对其他空间信息领域的本体及语义应用具有重要借鉴和指导作用。Yue P 等（2009）、Purves 等（2007）、Zhang Chuanrong 和 Li Weidong（2005）、Zhang Chuanrong 等（2010）、Mohammadi 等（2010）、Stock 等（2010）研究者们探讨了空间数据基础设施中的数据集成互操作、要素类型目录（feature type catalogue，FTC）的语义注册中心，并结合 WMS、WFS 和地理语义网等研究了空间要素的发现、检索、地球科学应用的处理规划和服务链应用程序框架。

（2）国内关于空间数据集成和共享的研究现状

进入 21 世纪后，我国的计算机技术、数字化和网络化飞速发展，全球化、信息化成为当今世界的发展潮流和科学技术进步的主要动力，"数字地球"的概念也应运而生，我国提出了"数字中国"的战略计划。"数字中国"建设已列入国家测绘事业"十一五"规划，广泛服务于群众的工作、生活，也会给文化消费、人际关系等带来深刻变化，促进社会文明进步；同时提高了我国的信息化水平、全球化水平、生态化水平、竞争力水平和公平化水平。

2006 年，陈俊勇、许厚泽、刘先林、魏子卿、宁津生、李德仁、刘经南、张祖勋等 8 位院士在参加武汉大学测绘学科创建 50 华诞即新中国完整的测绘学科创立 50 周年之际，共同提出加快"数字中国"建设的倡议。地理信息资源是国家的重要基础性、战略性信息资源。我国已将国家测绘局更名为国家测绘地理信息局，来加快发展测绘事业和地理信息产业，丰富测绘地理信息产品和服务。地理空间信息的共享是实现全球、地区、国家和区域范围内信息化的前提条件，是构造"数字地球"的关键技术之一，地理空间框架基础地理信息数据库作为最基本的空间数据集，为其他应用系统提供统一的空间定位基准，以实现各种信息资源按照地理空间位置进行融合，从而为信息化提供各种资源整合的地理信息公共平台。

"数字地球"的概念提出以后，我国党和政府、科技界对此高度重视。江泽民在1998 年 6 月接见两院院士时谈及了"数字地球"问题。中国科学院地学部于 1998 年 11 月初在北京香山召开了"资源环境信息与数字地球"研讨会，在此基础上形成"中国数字地球发展战略的建议"。2001 年 3 月，建设基础国情、公共信息资源、宏观经济数据库及其交换服务中心，完善地理空间信息系统等列入"十五"计划，并加快国家空间信息基础设施建设和应用。胡锦涛总书记提出要求："推进数字中国地理空间框架建设，加快信息化测绘体系建设，提高测绘保障服务能力"。国家测绘地理信息局于 2006 年启动了"数字城市地理空间框架建设示范工程"项目，拟通过在全国选择若干具备条件的城市作为试点开展数字城市地理空间框架建设，总结经验，推动数字中国、数字省区的建设，并于 2009 年启动了国家地理信息公共服务平台的建设。目前，很多城市都已经开展地理空间框架建设项目规划和实施，并作为推进本地区信息化的重大战略措施，将数字城市作为实现区域信息化的切入点和突破口。截至 2010 年 7 月，我国已有 23 个省级分节点地理信息公共服务平台公众版上线（占全部的 74%），部分发达区域已开始市级节点的规划建设。2010 年 10 月，中国公众版国家地理信息公共服务平台"天地图"网站正式开通，随后不断更新版本并推出了"天地图"手机版，满足公众及企事业单位等地理服务需求。

在地理本体及语义领域，学者多借鉴哲学和计算机学科中的"本体是概念化的明确的规范说明（Gruber T，1995；Rudi Studer 等，1998）"定义并应用到地理信息领域，并形成顶层本体、领域本体、任务本体和应用本体的框架分类层次，具有部分、所属、实例和属性等 4 种基本关系，并从地理本体扩展到语义表示和地理知识推理，以解决现实中存在的地理要素表示不一致和歧义等问题。研究者从很多方面对本体及语义在地理信息中应用进行了研究，包括形式化本体用于基础地理信息分类（黄茂军等，2005；安杨等，2006；李德仁和崔巍，2004；崔巍和李德仁，2005；刘耀林等，2010）、空间拓扑关系语义扩展表示（汪西莉等，2009；谭喜成和边馥苓，2005，2006；李霖和王红，2006；赵冬青和李雪瑞，2006；吴孟泉等，2007）、本体驱动的异构空间数据集成（张立朝等，2009）、空间信息语义互操作（李芳和边馥苓，2007）、特定地理领域的本体知识建模（李德仁和王泉，2009）等方面。

从网络地理信息系统或 Web GIS 到分布式网格计算 GIS 和基于 SOA 的空间信息共享，研究者做了较多的原理、框架和技术实现研究，包括空间信息多级网格及其应用（李德仁和胡庆武，2007；李德仁，2005）、网格节点的构建、城市网格化管理平台、国土资源网格化管理服务平台、多级异构空间数据库集成、网络环境下空间信息服务集成、空间数据和地理模型的分布式共享模式等。当前，较多学者着重从事面向服务架构与空间信息科学的结合研究，主要有面向服务架构的数字城市共享平台（李德仁等，2008；王艳军等，2011）、普适自发地理信息框架（李德仁和钱新林，2010）、遥感影像共享架构（黄宇等，2009）、海洋多源环境信息网络分析平台、空间信息服务注册中心、地理信息公共平台建设。研究者也从地理数据质量发展到空间信息服务质量研究，并进行 QoS 感知的地理信息服务优化组合模型（宋现锋和刘军志，2010）研究，在基于能力匹配和本体推理的 Web 地图服务、WFS 发现方法探讨，基于语义匹配和顾及上下文的空间信息服务组合（罗安等，2011）等方面取得了有意义的成果。

由此可见，计算机网络技术的发展，智能传感器与网络 GIS 相集成，实现空间信息的实时在线更新，可为用户提供可视化、可量测、可挖掘和可互操作的地理信息服务（李德仁和邵振峰，2008；李德仁等，2007），这是按需服务的新地理信息时代（李德仁和邵振峰，2009）的典型特征。同时，数字地球也正向智慧地球发展。

1.2.2　传统 GIS 系统到互联网 GIS

通过空间数据集成和共享，可以实现不同来源数据的相互访问和融合，但要真正发展从原始数据到跨系统、跨平台、跨部门的开放应用和互操作，还需要借鉴计算机领域的 Web　Service 技术，实现统一开放接口的标准服务，包括数据服务和功能服务等，按照开放松耦合系统设计模型和 SOA 架构，发布、注册和调用需要的各种空间信息服务，从而建立复杂、开放和高级的应用系统。

国外学者对空间信息服务的研究，主要是从地理信息系统的应用和技术发展，与计算机网络、Web　Service 技术相结合进行研究，并取得了一系列的研究成果。在空间信息服务研究基础上，随着网络技术、地理本体和语义网的新发展，研究者结合这些新技术也重点研究了其在空间信息领域中的应用，并尝试解决地理信息科学中的信息孤岛、语义歧义和行业应用等问题。

随着开放空间信息服务发展，如 WMS 及网络地理处理服务等，互联网上的大量 OGC 有效服务链接可用。在异质分布式环境下，根据类型、版本、时间、空间和比例尺等条件的空间信息 web 服务的检索成为网络空间信息应用系统的瓶颈问题。Chen Nengcheng　等（2007）的文章提出了一种在 WWW 上基于扩展搜索引擎和服务性能匹配的高精度 OGC 的 WMS 检索方法，主要组件包括：WMS 搜索引擎、WMS 本体生成器、WMS 目录服务和多协议的 WMS 客户端，其中 WMS 本体可根据空间信息服务注册和管理的本体推理器生成。文章介绍了 WMS 链接监测、性能匹配、本体建模和自动注册等，对 WMS 检索的精度和响应时间进行了评估，结果显示文中方法中每个有效响应的平均执行时间是 0.44 秒，精度是传统方法的 10 倍。

同时，OGC 的空间信息服务模式具有复杂元素结构、分布式和大尺度特征，并具有不同的元素名称，能够在不同版本间协同使用，而传统的匹配方法可能导致较差的质量甚至错误的效果。Chen Nengcheng 等（2011）的文章基于片段扩展模式匹配方法，描述了 OWS（OGC Web Service，OGC-Web 服务）模式文件分解、片段表达、片段标识、片段元素匹配和匹配结果的联合。不同版本的 WFS、WCS 模式匹配实验结果显示了基于片段扩展模式匹配方法的平均召回率大于 80%，平均准确度达到 90%。

OGC 制订的空间信息服务是国家和全球空间数据基础设施和空间数据仓库建设的重要内容，WFS、WMS、WCS 和 WPS 已经在科学应用中越来越广泛采用。互操作服务能够适应不同科学应用系统的集成，可用于海量空间数据及空间信息服务的搜索、查找、应用，尽管如此，这些大量的服务和数据是广泛的分布式存储和管理，不易满足性能需要。Li Zhenlong 等（2011）的文章关注在分布式网络环境下 OWS 资源的集成问题，提出了基于层和 SOA 的相关搜索和资源应用的优化技术。文中主要提出了以下内容：

①基于 AJAX 的异步多目录搜索方法；

②一种基于层的空间、时间和性能优化的搜索引擎，可用于较适合服务的标记；

③服务性能管理方法，发展用于统计实验空间信息服务的标识，最后通过一个科学应用系统的相关实验分析验证了提出框架的效率。

近年来，国内学者对空间信息服务的研究较多，主要是根据技术发展和学科应用，结合不同领域的实际需要，重点研究了空间信息服务的应用理论、模式和技术，并取得了较多实际成果。

李德仁等（2008）提出面向服务的数字城市共享平台框架和国土资源管理，应用 SOA 体系和 ArcGIS Server 开发框架，设计了数字城市空间信息共享平台，创新国土资源网格化管理与服务。李德仁和邵振峰（2009）提出了"新地理信息时代"，引起了测绘科学界广泛关注，研究了新地理信息时代存在的主要典型特征，包括：服务对象方面扩大到大众用户、用户同时是空间数据和信息的提供者、传感器网络将数据从死变活、按需求提供服务等，分析了新地理信息时代将带来的地理数据组织无序、质量更新、服务安全、信息爆炸、共享隐私和产权等问题对地球信息科学和地理信息产业的影响，并从标准、规划、法律、技术和应用等方面探讨了积极的应对策略。李德仁等（2010）又提出"从数字地球到智慧地球"，促进测绘领域中智慧地球的理论和应用研究。

边馥苓和谭喜成（2007）研究了适应分布式虚拟地理环境的对等网络服务模型；马洪超等（2007）探讨了基于 SOA 和地球空间网格环境的遥感产品虚拟化问题，以推动未来遥感产品数据处理系统的发展；吴华意和章汉武（2007）、章汉武等（2010）提出了地理信息服务质量（QoS，Quality of Service）概念，并描述了其研究框架和评价的原型系统，将空间数据质量发展到空间信息服务质量的研究；李德仁和胡庆武（2007）发展了基于可量测实景影像的空间信息服务，以及可量测实景影像与传统测绘产品的集成应用；桂胜等（2008）研究了基于信息资源目录体系的网络信息检索方法，可用于网络环境下空间信息服务的检索和查询；徐开明等（2008）提出了基于多级异构空间数据库的地理信息公共平台服务机制，实现多源异构空间数据向网络地图服务转化，并应用于数字城市公共平台。

1.2.3 互联网 GIS 的典型特征

（1）互联网 GIS 是集成的全球化的客户／服务器网络系统

客户／服务器的概念就是把应用分析为服务器和客户两者间的任务，一个客户／服务器应用有 3 个部分：客户、服务器和网络，每个部分都由特定的软硬件平台支持。客户发送请求给服务器然后服务器处理该请求，并把结果返回给客户，客户再把结果或数据提供给用户。客户和服务器间的连接根据 TCP/IP 这样的能信协议来建立。

互联网 GIS 应用客户／服务器概念来执行 GIS 的分析任务，它把任务分为服务器端和客户端两部分，客户可以从服务器请求数据、分析工具和模块，服务器或者执行客户的请求并把结果通过网络送回给客户，或者把数据和分析工具发送给客户供客户端调用或使用。

（2）互联网 GIS 是交互系统

互联网 GIS 可使用户在 Internet 上操作 GIS 地图和数据，用 Web 浏览器（IE、FireFox 等）执行部分基本的 GIS 功能：如 zoom（缩放）、Move（移动）、Query（查询）和 Label（标注），甚至可以执行空间查询：如"离你最近的旅馆或饭店在哪儿"，或者更先进的空间分析：比如缓冲分析和网络分析等。在 Web 上使用互联网 GIS 就和在本地计算机上使用桌面 GIS 软件一样。

通过超链接（Hyperlink），WWW 提供在 Internet 上最自然的交互性。通常用户通过超链接所浏览的 Web 页面是由 WWW 开发者组织的静态图形和文本，这些图形大部分是 FPEG 和 GIF 格式的文件，因此用户无法操作地图，甚至连像 zoom、Move、Query 这样简单的分析功能都无法执行。

（3）互联网 GIS 是分布式系统

GIS 数据和分析工具是独立的组件和模块，互联网 GIS 利用 Internet 的这种分布式系统把 GIS 数据和分析工具部署在网络不同的计算机上，用户可以从网络的任何地方访问这些数据和应用程序，即不需要在本地计算机上安装 GIS 数据和应用程序，只要把请求发送到服务器，服务器就会把数据和分析工具模块传送给用户，达到实时／准实时的性能。

Internet 的一个特点就是它可以访问分布式数据库和执行分布式处理，即信息和应用可以部署在跨越整个 Internet 的不同计算机上。

（4）互联网 GIS 是动态系统

由于互联网 GIS 是分布式系统，数据库和应用程序部署在网络的不同计算机上，并由其管理员进行管理，因此，这些数据和应用程序一旦由其管理员进行更新，则它们对于 Internet 上的每个用户来说都将是最新可用的数据和应用。这也就是说，互联网 GIS 和数据源是动态链接的，只要数据源发生变化，互联网 GIS 将得到更新，和数据源的动态链接将保持数据和软件的现势性。

（5）互联网 GIS 是跨平台系统

互联网 GIS 可以访问不同的平台，而不必关心用户运行的操作系统是什么（如 Windows、UNIX、Macintosh）。互联网 GIS 对任何计算机和操作系统都没有限制。只要能访问 Internet，用户就可以访问和使用互联网 GIS。随着 Java、.Net 语言技术的发展，未来的互联网 GIS 可以做到"一次编写，到处运行"，使互联网 GIS 的跨平台特性走向更高层次。

（6）互联网 GIS 能访问 Internet 异构环境

在 GIS 用户组间访问和共享 GIS 数据、功能和应用程序，需要很高的互操作性。开放式地理数据互操作规范（Open Geospatial Interoperability Specification）为 GIS 互操作性提出了基本的规则。其中有很多问题需要解决，例如数据格式的标准、数据交换和访问的标准，GIS 分析组件的标准规范等。随着 Internet 技术和标准化的飞速发展，完全互操作的互联网 GIS 将会成为现实。

（7）互联网 GIS 是图形化的超媒体信息系统

使用 Web 上超媒体系统技术，互联网 GIS 通过超媒体热链接可以链接不同的地图页面。例如，用户可以在浏览全国地图时，通过单击地图上的热链接，进入相应的省地图进行浏览。

另外，互联网为 GIS 应用系统提供了集成多媒体信息的能力，把视频、音频、地图、文本等集中到相同的互联网页面，极大地丰富了 GIS 的内容和表现能力。

1.3 互联网 GIS 组成与功能

1.3.1 互联网 GIS 的组成

一般地，互联网 GIS 主要由以下几个部分构成：

（1）Web 服务器

用户要访问 Web 页面后其他资源，必须事先有一个服务器来提供 Web 页面和这些资源，这种服务器就是 Web 服务器，也称为网站。

（2）GIS 服务器

GIS 服务器是为系统提供基本的地理信息处理与分析算法和工具，是支持互联网 GIS 系统实现空间分析与应用的核心组成。

（3）数据库服务器

数据库服务器是大型互联网 GIS 系统的数据存储和管理模块，能够实现对海量多源多尺度地理关联和属性数据的添加、删除、查询和修改等事务处理。

（4）客户端

用户一般是通过浏览器访问 Web 资源的，调试运行在客户端的一种软件。

（5）通信协议

客户端和服务器之间采用 HTTP 协议进行通信，超文本传输协议（Hypertext

Transfer Protocol，HTTP）是客户浏览器和互联网服务器通信的基础。

1.3.2　互联网 GIS 的功能

从 Web 的任意一个节点，Internet 用户可以浏览互联网 GIS 站点中的空间数据、制作专题图，以及进行各种空间检索和空间分析。通过互联网 GIS 可以进行空间数据发布、空间查询与检索、空间模型服务、Web 资源的组织等。

互联网 GIS 具有利用 Internet 优势的特有功能。用户不必在自己的本地计算机上安装 GIS 软件就可以在 Internet 上访问远程的 GIS 数据和应用程序，进行 GIS 分析，在 Internet 上提供交互的地图和数据。

全球化的服务器应用：全球范围内任意一个 WWW 节点的 Internet 用户都可以访问互联网 GIS 服务器提供的各种 GIS 服务，甚至还可以进行全球范围内的 GIS 数据更新。

真正大众化的 GIS 由于 Internet 的爆炸性发展，Web 服务正在进入千家万户，互联网 GIS 给更多用户提供了使用 GIS 的机会。互联网 GIS 可以使用通用浏览器进行浏览、查询，额外的插件（plug-in）、ActiveX 控件和 Java Applet 通常都是免费的，降低了终端用户的经济和技术负担，很大程度上扩大了 GIS 的潜在用户范围。而以往的 GIS 由于成本高和技术难度大，往往成为少数专家拥有的专业工具，很难推广。

跨平台特性，在互联网 GIS 以前，尽管一些厂商为不同的操作系统（如：Windows、UNIX、Macintosh）分别提供了相应的 GIS 软件版本，但是没有一个 GIS 软件真正具有跨平台的特性。而基于 Java 的互联网 GIS 可以做到"一次编写，到处运行"，把跨平台的特点发挥得淋漓尽致。

1.4　互联网 GIS 的发展趋势

GIS 的发展经历了从专业 GIS 向社会 GIS 的演变过程，其系统集成也相应地经历了从传统 GIS 向分布式、智能化、虚拟现实 GIS 的变化过程。由此可以看出，GIS 始终是向高性能、低成本、开放性、互操作性和灵活性的方向发展的。因此，随着空间理论和网络技术的飞速发展，互联网 GIS 从技术上将向着更具有互操作性和更加开放化、网络化、分布化、移动化、可视化的方向发展，从应用上将向着更高层次的数字地球、地球信息科学及大众化的方向扩展。

（1）互操作和开放式 GIS 的应用

目前互联网 GIS 在空间数据处理方面面临着网上数据发布和互操作、网上数据挖掘和数据管理等挑战。如何能使不同格式、不同代码、不同标准体系的数据和不同比例尺、不同精度、不同时序的地理空间信息进行互操作、共享，已成为互联网 GIS 进一步发展中急待解决的问题。互操作 GIS（Interoperable GIS）、开放式 GIS（OpenGIS）的出现和地理标记语言（Geography Markup Language，GML）的应用为解决这些难题提供了很好的方法。

互操作 GIS 是一个新的 GIS 集成平台，它能实现在异构环境下多个 GIS 或应用系统之间的相互通信和协作，可以完成某一特定任务，而且这一过程对于实现语言、执行环境和建立模型是透明的。OpenGIS 是指在计算机网络环境下，根据开放地理信息系统协会（Open GIS Consortium，OGC）所提出的开放地理互操作规范和软件框架构建的 GIS。它将 GIS 技术、分布处理技术、面向对象方法、数据库设计及实时信息获取方法有效地结合起来，使 GIS 始终处于一种有组织、开放式的状态，从而使它们具有良好的互操作性，它是未来互联网 GIS 一个重要的发展方向。GML 是 OGC 制定的基于 XML，用于地理信息表达、传输和存储数据的编码标准，它能将地理信息的内容与表现形式分离，很清晰地表达出空间数据的结构和内涵，因而非常适合于解决互联网 GIS 的互操作问题，目前已被大多数的 GIS 厂商所接受。预计随着 GML 的普及和地理信息编码的统一，数据的互操作和共享将成为可能。以上技术和规范将引导互联网 GIS 向更加开放的方向发展。

（2）下一代互联网

目前互联网 GIS 还不能很好地解决地理空间数据复杂应用的一个主要原因是受限于第一代互联网的带宽瓶颈。下一代互联网是指高性能的计算机及其通信协议，它要解决的主要问题是提高网上信息的传输速率，预计高达 650MB，是目前互联网主干网传输速率的十几倍。美国目前已有 205 所大学连同政府、企业参加到下一代互联网的开发中。其他国家也非常重视下一代互联网的研究，中国正在推广作为 NGI 关键技术的 IPv6。互联网 GIS 是 GIS 技术与 Internet 的高度结合，相信随着 NGI 技术的发展，互联网 GIS 的数据传输瓶颈将被打破，互联网 GIS 的发展和应用将得到更大的提高。

（3）基于分布式计算的互联网 GIS

目前出现的分布式计算可使地理信息的计算应用于社会的各个领域，成为信息基础设施的重要内容。随着网络时代的到来，分布式计算正成为新的计算模式。地理信息从本质上讲是分布的，而用户又需要对分布的地理信息系统完成浏览、查询、分析等操作，因此，互联网 GIS 与分布式计算的结合就成为必然。分布式的互联网 GIS 使得利用 Internet 作为分布式计算平台来构建一个物理上分布、逻辑上统一的地理空间信息系统成为现实。这种系统可以管理和处理分布在网络上的空间数据，集成各种空间服务，从而能更方便、快捷地提供网上地理信息服务。目前分布式的互联网 GIS 应用已从简单的在分布式 Web 浏览器上显示地图，发展到了基于互联网的功能综合，远程的用户可以享受普通的 GIS 数据，并与其他用户实现实时通信。现阶段，发展分布式互联网 GIS 应用技术集中体现在用品、客户机和网络通信 3 个方面。分布式互联网 GIS 的出现虽然使 GIS 的功能和应用范围得到了很大的提升，但其无论是理论研究还是应用都还处于发展阶段。当前国际、国内都十分注重分布式互联网 GIS 的发展，有关专家认为 GIS 发展趋势的核心是地理信息开放的分布式计算，它将成为 GIS 发展的新一轮热点。

（4）虚拟现实技术与互联网 GIS 的结合

虚拟现实 GIS（VRGIS）是目前 GIS 发展的一个前沿。虚拟 GIS 就是 GIS 与虚拟地理环境（VR）技术的结合，其核心技术是 VR。VR 是一项综合集成技术，涉及三维图形技术、网络通信技术、数据库、人工智能等领域。它是一种最有效的模拟人在自然环境中视、听、动等行为的高级人机交互技术，主要通过虚拟建模语言（Virtual Reality Model Language，VRML）把 GIS 数据转换到 VR 中，为人们提供一个逼真的模拟环境。GIS 与 VR 技术结合，将虚拟环境带入 GIS，使其更加完善。GIS 用户在计算机上就能处理真三维的客观世界，在客观世界的虚拟环境中将能更加有效地管理和分析空间实体数据。它所涉及的关键技术是 3D 和 4D 的建模技术、数据模型的研究、海量数据的存储和管理、三维显示技术与可视化技术的集成、面向对象的空间数据库研究及其与三维实时显示技术的集成等。总之，VRGIS 是 GIS 最引人入胜的一个领域，目前的研究主要集中于虚拟城市。

（5）互联网 GIS 的大众化应用——无线 GIS

随着手机、掌上电脑、PDA 等移动通信设备的普及，无线应用协议 WAP 和无线定位技术 WLT 作为无线互联网领域的研究热点，已经显示出巨大的应用前景和市场价值。无线通信技术、移动定位技术和互联网 GIS 的结合形成了移动 GIS（Mobile GIS）和无线定位服务（Wireless Location Service）。它一方面可以使 GIS 用户随时方便、双向互动地获取网络提供的各种地理信息服务，另一方面可以使地理信息随时随地地为任何人、任何事进行服务（Geo-information for Anyone and Anything at Anywhere and Anytime，4A 服务），如个人位置信息服务、车辆导航定位与跟踪、个人安全与紧急救助等。这些服务与人们的日常生活息息相关，随着它们的日渐普及，互联网 GIS 的功能和应用将得到大大的拓展和延伸，GIS 也将真正走向大众化和社会化。目前，无线 GIS 所涉及的关键技术是移动存储设备、实时性、WapGIS、GPS 和 GSM 的集成研究等。据估计，无线定位产品和服务的市场到 2020 年底将比目前传统 GIS 市场价值大 10 倍，达到 1000 亿美元，无线网络将成为全球空间数据获取与传输的主要途径。因此，无线 GIS 具有非常广阔的前景。

（6）GIS 的更高层次——数字地球／智慧城市

数字地球是指以地球为对象，以地理空间为主线，将信息组织起来以实现地球数字化或信息化的复杂系统，也就是全球范围内以地理位置及其相互关系为基础而组成的信息框架，具有空间化、数字化、网络化、智能化和可视化的特征，它为人类提供了一种全新认识地球的方式。作为新一代的电子地图和 GIS，数字地球的应用非常广泛，既可用于全球环境变化和社会可持续发展，也可以应用于政治、经济、军事等领域，对人类与自然的平衡和协调起到了不可估量的作用。数字地球作为一门新兴的学科，主要由基础理论、技术体系和应用领域 3 部分构成，它所涉及的关键技术是信息交换标准、海量数据的存储和管理等。

1.5 本书的组织

本书各章主要内容如下：

第 1 章 绪论，主要是国内外地理信息系统发展、空间数据集成和空间信息服务研究现状，概述了地理信息共享和空间信息服务的技术发展，指出从传统地理信息系统到网络地理信息系统和空间信息服务的发展必然，并提出了互联网 GIS 的概念、产生背景、组成与功能、发展趋势，给出本书的主要研究内容与本书组织结构。

第 2 章 计算机网络的基本理论，介绍了计算机网络的基本理论、网络相关协议、网络 Web 的相关概念、计算机网络的扩展，为后续互联网 GIS 设计与开发研究提供基础支撑和平台框架。

第 3 章 互联网 GIS 的基本体系架构，包括互联网 GIS 概述、结构组成、组合方式、体系结构、发展趋势等，在此基础上研究提出了相应的互联网 GIS 的基本体系架构和未来重要发展趋势。

第 4 章 互联网 GIS 技术与实现，在互联网 GIS 的基本体系架构基础上，重点研究互联网 GIS 客户端实现、空间信息服务框架、空间信息服务规范、GIS 服务链模式分析等，重点设计和研究了当前面向服务架构和空间信息服务技术的互联网 GIS 实现。

第 5 章 移动 GIS 技术与应用，重点介绍了移动 GIS 概述，并以智能手机 APP 设计与实现的利用加速度计实现计步为例，结合百度地图 API 实现移动终端的互联网 GIS。

第 6 章 互联网 GIS 常用平台开发技术，概述了互联网 GIS 开发平台，主流的 ArcGIS Server 开发指南，基于天地图 API 的开发技术，基于 OpenLayers API 的开发方法等，这些是当前互联网 GIS（特别是富客户端互联网应用程序）的重要设计与实现方法，以此作为互联网 GIS 的重要实现背景。

第 7 章 开源互联网 GIS 平台与指南，在开源互联网 GIS 平台设计与开发中，重点以开源平台 GeoServer 为例研究了互联网 GIS 系统的实现，主要包括相关的服务器管理模块、服务模块、数据模块、安全模块、示例模块、图层预览模块等，以此作为复杂高级和简单轻量级的互联网 GIS 平台设计和实现。

第 8 章 互联网 GIS 框架设计，设计和提出了互联网 GIS 系统框架设计和平台构建，研究了地理信息链典型应用实现方法，介绍了互联网 GIS 系统数据库设计方法，在此基础上研究了互联网 GIS 系统数据集成应用相关的模式设计。

第 9 章 互联网 GIS 应用设计方法，重点介绍了数字城市地理空间信息共享平台，并以实际设计案例介绍了相关经验方法，包括：基于 SOA 的智慧旅游信息系统、基于 SOA 的文物管理信息系统和东钱湖智慧地理信息系统建设等。

第 2 章　计算机网络的基本理论

互联网 GIS 以计算机网络为基础，在进行互联网 GIS 基本原理设计与实现研究时需要对计算机网络基本理论有个初步了解。

2.1　计算机网络概述

2.1.1　计算机网络的定义

凡是将地理位置不同、并具有独立功能的多个计算机系统通过通信设备和线路连接起来、以功能完善的网络软件实现网络中资源共享的系统，都称之为计算机网络系统。

2.1.2　计算机网络的发展

计算机网络的发展阶段及每个阶段的特点：

远程联机系统阶段——是面向终端的系统，在数据传输方面利用公用电话网系统传输计算机或计算机终端数字信号；

计算机互联阶段——各计算机通过通信线路连接，相互交换数据、软件，实现了网络连接的计算机之间的资源共享；

标准化系统阶段——国际标准化组织 ISO 于 1984 年正式颁布了"开放系统互连基本参考模型"的国际标准；

网络互联与高速网络系统阶段——全球以 Internet 为核心的高速计算机网络已经形成，Internet 已经成为人类最重要的、最大的知识库。

2.1.3　计算机网络的分类

2.1.3.1　按"数据交换方式"分类

①线路交换方式——利用拨号来建立通信路径，最早用于电话系统；

②报文交换方式——一种数字式网络，采用存储－转发方式，以报文为基本单位进行传输；

③分组交换网络——也采用存储－转发方式，先把不定长的报文划分成若干定长的报文分组，以分组作为传输的基本单位，大大简化了对计算机存储器的管理，加速了信

息在网络中的传输。

存在这样几种基本的联网设备：

①物理层互联设备——中继器；

②数据链路层互联设备——网桥；

③网络层互联设备——路由器；

④网络层以上的互联设备——网关或应用网关。

2.1.3.2 按不同性质特点分类

（1）根据网络的覆盖范围与规模分类

①局域网（LAN）。局域网（LAN）的覆盖范围一般在方圆几十米到几千米。典型的是一个办公室、一个办公楼、一个园区的范围内的网络。

②城域网（MAN）。城域网是局域网的延伸。当网络的覆盖范围达到一个城市的大小时，被称为城域网。

③广域网（WAN）。广域网又称远程网，网络覆盖到多个城市甚至全球的时候，就属于广域网的范畴了。广域网是将远距离的网络和资源连接起来的任何系统。我国著名的公共广域网有 ChinaNet、ChinaPAC、ChinaFrame、ChinaDDA 等。大型企业、院校、政府机关通过租用公共广域网的线路，可以构成自己的广域网。

接入网又称为本地接入网或居民接入网，是近年来由于用户对高速上网需求的增加而出现的一种网络技术，是局域网与城域网的桥接区。

（2）按通信媒体分类

①有线网（Wired Network）。有线网是指网络系统中计算机之间采用双绞线、同轴电缆、光纤等物理媒体连接，并利用这些物理媒体传输数据，实现计算机之间数据交换的系统。现有的网络绝大多数是有线网络。

②无线网（Wireless Network）。无线网是指网络系统中计算机之间是采用微波、红外线等媒体连接，并利用它们传输数据，实现计算机之间数据交换的系统。随着无线通信技术的发展，无线网络的数量越来越多，利用也越来越广泛。

③无线有线混合网。无线有线混合网是计算机网络和应用的趋势，有线网中包含无线网，无线网中包含有线网，这就是所谓的无线有线混合网络。

（3）按数据交换方式分类

①线路交换网（Circuit Switching）。线路交换是最早出现在电话系统中的一种交换方式，目前仍广泛地应用于自动电话系统中。源用户通过拨号接通某些开关来建立所要求的通信路径，使源用户和目标用户之间能直接进行通信。在通信期间始终使用该路径，不允许其他用户使用。通信结束后便断开所建立的通信路径。早期的计算机网络，如面向终端的计算机网络，都广泛利用这种交换方式的电话网络来传输数据。

②报文交换网（Message Switching）。报文交换方式是一种数字式网络，每当源主机要和目标主机通信时，网络中的中继节点——交换器总是先将源主机发来的一份完整

报文存储在交换器的缓冲区中，并对该报文做适当处理，然后再根据报文中的目标地址，选择一条相应的输出链路，若该链路空闲，便将报文转发至下一个中继点或目标主机；若输出链路忙，则将装有输出信息的缓冲区排在输出队列的末尾等候。这种先存储后转发的输出方式被称为存储—转发方式。由于这种网络以报文为基本传输单位，故也称为报文交换网络。

③分组交换网（Packet Switching）。在分组交换网中虽然同样是采取存储—转发方式，但它不是以不定长的报文作为传输的基本单位，而是先将一份报文划分为若干个定长的报文分组，以分组作为传输的基本单位。因此，当源主机要发送一份报文对，需首先进行报文分解，然后再逐个分组地发送。网络的中继节点则先将分组接收下来存储在定长的缓冲区中，然后再选择一条适当的传输路径将分组转发出去。以分组为单位进行的传输，不仅大大简化了对计算机存储器的管理，而且还加速了信息在网络中的传输。由于分组交换网较之报文交换网和线路交换网，具有一系列的优点，故已成为现代计算机网络的主流。

（4）按网络拓扑结构分类。

网络拓扑结构分为物理拓扑和逻辑拓扑。物理拓扑结构描述网络中由网络终端、网络设备组成的网络结点之间的几何关系，反映出网络设备之间以及网络终端是如何连接的。网络按照拓扑结构划分为：星型、树型、总线型、环型和网状。

①星型网络。星型拓扑结构是现代以太网的物理连接方式。在这种结构下，以中心网络设备为核心，与其他网络设备以星型方式连接，最外端是网络终端设备。星型拓扑结构的优势是连接路径短、易连接、易管理、传输效率高。这种结构的缺点是中心节点需具有很高的可靠性和冗余度。

②树型网络。树型拓扑结构的网络层次清晰，易扩展，是目前多数校园网和企业网使用的结构。这种结构的缺点是根结点的可靠性要求很高。

③总线型网络。总线型拓扑结构是早期同轴电缆以太网中网络结点的连接方式，网络中各个结点挂接到一条总线上。

④环型网络。环型拓扑结构的网络中，通信线路沿各个节点连接成一个闭环。数据传输经过中间节点的转发，最终可以到达目的节点。这种方法的最大缺点是通信效率低。

⑤网状网络。网状拓扑结构的网络可靠性最高。在这种结构下，每个结点都有多条链路与网络相连，高密度的冗余链路，使一条甚至几条链路出现故障的网络仍然能够正常工作。网状拓扑结构网络的缺点是成本高、结构复杂、管理维护相对困难。

（5）按使用范围分类

①公用网。公用网是为公众提供各种信息服务的网络系统，如互联网，是只要符合网络拥有者的要求就能使用的网络。公用网是国家电信网的主题，在我国通常是由电信部门主管经营和建设的，在国外大都是由政府和私营企业建设的。

②专用网。为一个或几个部门所拥有，它只为拥有者提供服务，这种网络不向拥有

者以外的人提供服务。专用网通常是由组织和部门根据实际需要自己投资建立的。

2.2 计算机网络的相关协议

通常来说，计算机网络需要遵循重要的 HTTP 协议和 TCP/IP 协议。

2.2.1 HTTP 协议

为了使网页资源传输能够高效率地完成，采用 HTTP 协议来传送一切必需的信息。

HTTP 有两类报文：

请求报文——从客户向服务器发送请求报文；

响应报文——从服务器到客户的回答。

HTTP 协议工作原理示意图见图 2-1.

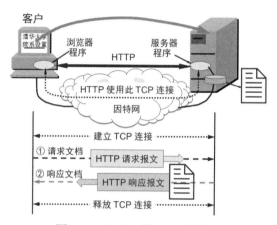

图 2-1　HTTP 协议工作原理

2.2.2 TCP/IP 协议

TCP/IP 协议的特点：

①协议标准具有开放性，独立于特定的计算机硬件及操作系统，且免费；

②统一分配网络地址，使得所有 TCP/IP 设备在网络中都具有唯一 IP 地址；

③实现了高层协议的标准化，能为用户提供多种可靠的服务。

TCP/IP 的核心思想：把千差万别的物理层／数据链路层协议的物理网络在传输层／网络层建立一个统一的虚拟"逻辑网络"，屏蔽或隔离所有物理网络的硬件差异。

TCP/IP 模型包括：

①网络接口层——最底层，负责网络层与硬件设备间的联系，比如逻辑链路控制和媒体访问控制；

②网际层——负责计算机到计算机之间的通信问题；

③传输层——负责计算机程序到计算机程序之间的通信问题，即端到端的通信问题；

④应用层——最顶层，提供一组常用的应用程序给用户。

IP 地址的概念：

为了唯一标识 Internet 中的网络及主机，Internet 和 IP 的设计师选择适合于机器表示的数值来进行标识，Internet 中每一个网络都具有自己独一无二的数值地址，即网络地址。

IP 地址的分类：

A 类地址：用于主机数目非常多的网络。A 类地址最高位为 0，接下来的 7 位完成网络 ID，剩余的 24 位二进制位代表主机 ID。

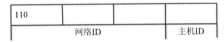

B 类地址：用于中型到大型的网络。B 类地址最高位为 10，剩余的 16 位二进制位代表主机 ID。

C 类地址：用于小型本地网络。C 类地址最高位为 110，接下来 21 位完成网络 ID，剩余的 8 位二进制位代表主机 ID。

D 类地址：用于多重网络广播组。D 类地址最高位为 1110，第一个八位体是 224-239，剩余的位设计客户机参加的特定组。

E 类地址：是通常不用的实验性地址。E 类地址的最高位通常为 11110，第一个八位体是 240-247，248-254 无规定。

2.3　网络 Web 的相关概念

网络 Web 的相关概念包括：域名系统、Web 服务器、Web 浏览器、统一资源定位符 URL、网页 Web 等。

2.3.1　WWW 的发展与起源

由于记住主机 IP 地址是很困难的，人们就为每台主机起了个名字，由圆点分隔开的一连串的单词组成，这种命名方法被称为领域命名系统，简称为域名系统。

主机域名的一般格式：

四级域名．三级域名．二级域名．顶级域名（划分模式：地理模式和组织模式）

域名系统 DNS 解析：

域名解析是域名到 IP 地址的转换过程。域名的解析工作由 DNS 服务器完成。

解析过程：域名服务器完成从域名到 IP 地址的转换。

2.3.2 Web 服务器

Web 浏览器——一种访问 WWW 资源的客户端工具软件，支持多种 Internet 协议。

Web 服务器——工作于服务器端的工具软件，接受用户通过浏览器以某种标准协议发送的请求并返回相应的结果。

Web 浏览器／服务器系统的工作模式：

①WWW 是基于浏览器／服务器模式工作的；

②浏览器和服务器之间通过超文本传输协议（HTTP）进行通信；

③Web 服务器根据客户提出的请求（HTTP 请求），为用户提供信息浏览、资料查询、安全验证等方面的服务；

④客户端的浏览器具有 Internet 地址和文件路径导航功能，能根据 Web 服务器返回的 HTML 文档所提供的地址和路径信息，引导用户访问与当前页面相关联的下文信息；

⑤当用户未提供 Internet 地址和文件路径时，Web 服务器提供一个缺省的 HTML 文档，即主页，为用户浏览该服务器中的有关信息提供方便。

Web 浏览器／服务器系统的工作流程：

①在浏览器中输入 Web 地址，向某个 Web 服务器发出 HTTP 请求；

② Web 服务器收到浏览器的请求后，在 HTML 文档中找到特定的页面，并将结果传送给浏览器；

③浏览器执行收到的 HTML 文档并显示其内容。

2.3.3 Web 开发技术

HTTP 协议的特点——支持客户／服务器模式、简单快速、元数据、无连接、无状态。

统一资源定位符 URL——要在 WWW 上浏览或查询信息，必须在浏览器上输入查询目标的地址，这就是统一资源定位器（URL）。

动态网页技术包括：

① CGI 技术；

② ASP 技术；

③ JSP 技术；

④ DHTML 技术；

⑤ PHP 技术。

2.4 计算机网络的扩展

计算机网络的扩展涉及以下几个方面：

（1）分布式地理信息框架

分布式地理信息框架是多尺度理论数据更新应用的总体框架结构，主要为分布式网络环境下的多源数据集成、共享和处理平台，基于 SOA 形成统一的面向服务的空间信息共享系统，典型的特征包括开放、松耦合、跨平台和易于复用等。目前的空间信息服务和 Web GIS 发展，大多都已经实现该体系框架。

（2）网络传输的数据压缩

分布式网络环境下，Web GIS 应用系统中矢量数据的网络传输是个重要问题，不仅涉及空间数据的可视化显示，而且也涉及"客户端—服务器端"数据交互和更新结果的提交。当矢量数据节点数达到万量级，网络传输数据量将大大增加，影响了客户端显示效果和用户体验。应用数据压缩算法（Li Yunjin 和 Zhong Ershun，2011）是减少数据传输量和提高传输速度的有效方法。这种数据压缩算法，应该和多尺度地理数据表达相结合，在压缩传输数据量和保持数据原有几何特征之间达到平衡。

（3）多尺度地理数据库构建

数据更新中，地理空间要素从较大比例尺到较小比例尺转换和制图综合会创建和产生新的地理要素，或者修改地理要素，从而需要对地理数据对象的构建进行研究。多尺度地理数据库构建，主要包括地理要素实体的存储组织和模型、不同尺度下地理要素的抽象表达方法、尺度转换中的制图综合规则等。

（4）空间信息服务

基于 SOA 和地理本体语义通过空间信息服务组合建立将多尺度地理数据联动回溯扩展机制，实现地理数据的在线联动更新和结果实时共享，是该方法的具体实现。

2.5　本章小结

本章首先介绍了计算机网络的概念、定义、目的和意义，并说明了计算机网络技术的发展，接着讲述了计算机网络的特征和功能，并探讨了计算机网络的扩展。本章重点阐述了计算机网络的基本理论，为互联网 GIS 设计与开发提供支撑。

第 3 章 互联网 GIS 的基本体系架构

地理信息系统是一种采集、存储、传输、管理、分析、处理、表达和使用地理空间数据的计算机系统。进入 21 世纪后，互联网技术的快速普及使得 GIS 技术发生了真正质的变化，Internet 成为 GIS 新的操作平台，互联网 GIS（一般为 Web GIS）成为 Internet 与 GIS 的结合的产物。互联网 GIS 利用 Internet 进行发布和出版地理信息，为用户提供空间数据的信息查询、浏览、分析等功能，实现地理信息的操作和共享，使得 GIS 的各项功能从局部的计算机网络扩展到一个更加广阔的空间。从长远看，互联网 GIS 已经成为 GIS 发展的必然趋势。

互联网 GIS 已经渗透到我们工作和生活中的各个方面，带来便利的同时，也产生了巨大的经济效益，巨大地提高了生产和生活水平。网络地理信息系统技术的进一步研究和发展也将是未来社会发展不可或缺的一部分。

3.1 互联网 GIS 概述

Web GIS 是基于 Internet 平台，客户端采用 www 协议的地理信息系统。其基本思想就是在 www 上提供空间信息，让用户通过浏览器浏览和获得空间信息系统中的数据。从万维网的任意一个节点，Internet 的用户都可以浏览到互联网 GIS 站点的地理数据，制作专题图件，进行空间查询、空间检索以及空间分析。地理数据的概念已经扩展为分布式、超媒体特性、相互关联的数据，使 GIS 进入千家万户。当今，GIS 已进入了普及和推广应用阶段，GIS 的功能也由一般的空间查询转向辅助决策和分析应用。随着计算机技术以及通信技术的迅速发展，GIS 从二维走向三维然后到四维，从单机走向网络；应用领域从政府部门到企业单位，最终走向社会，进入千家万户，桌面 GIS 也终将被互联网 GIS 所取代。

随着社会的飞速发展，Internet 已经成为 GIS 新的系统平台。利用 Internet 技术，在互联网上发布空间数据，供用户浏览和使用，是 GIS 发展的必然趋势。所谓互联网 GIS 就是在 Internet 信息发布、数据共享、交流协作基础之上实现 GIS 的在线查询和业务处理等功能。实现基于互联网的分布式交互操作是工作的重心。

互联网 GIS 是近些年随着 Internet 的发展和普及而兴起的，它是一个利用 Internet 和 Web 技术扩展和完善地理信息系统的新兴领域。互联网 GIS 研究的目的有两个方面：首先是用 GIS 特有的空间信息的处理和计算能力丰富 Web 这一目前普遍存在，且前景广阔的信息载体，实现 GIS 信息和资源的充分共享和便利访问。互联网 GIS 的出现，大大地推动了 GIS 的资源和服务的社会公众化进程。每个部门的地理信息、数据资源可以集中管理、维护以及更新，通过 Web 提供给其他部门的用户进行访问，满足其服务请求，同时也可以利用和访问其他部门的服务。这样就避免了重复性劳动，保证了地理数据完整性和一致性。此外互联网 GIS 通过调节和变化体系结构，能够灵活有效地寻求计算负荷和网络流量在服务器端和客户端的合理分配，形成平衡高效的计算负载。

3.2　互联网 GIS 的结构组成

（1）计算机软件系统

计算机软件系统是指必需的各种程序，程序融合了数据处理的模型或算法等，是网络地理信息系统的核心部分。

（2）计算机硬件系统

计算机硬件系统是计算机系统中的实际物理装置的总称，可以是电子的、电的、磁的、机械的、光的元件或装置，是 GIS 的物理外壳。

（3）系统开发、管理和使用人员

一个周密规划的地理信息系统项目应包括负责系统设计和执行的项目经理、信息管理的技术人员、系统用户化的应用工程师以及最终运行系统的用户。

（4）空间数据

空间数据指以空间位置为参照的自然、社会和人文等空间数据，可以是图形、图像、文字、表格和数字等，通过遥感卫星、数码产品、数字化仪及相关专业软件等设备输入 GIS 系统，是系统程序作用的对象，是 GIS 所表达的现实世界经过模型抽象的实质性内容。

（5）互联网

当今的 GIS 与几年前的 GIS 有很大的不同，它的组成部分已不仅仅局限于单机终端，而更依托于互联网，如 Web2.0、分布式计算、Web Service 等技术，尤其是近年来移动互联网的兴起，已经将 3S 融为不可分割的一体，人人都可以成为 GIS 数据的提供源，这一切都得益于互联网技术的进步与广泛应用。

3.3　互联网 GIS 的组合方式

（1）全集中式

全集中式的地理信息系统把软件、数据库管理系统和数据库全部集中在中央服务器上，客户系统只负责用户界面功能，即获得用户指令并传递给服务器，显示查询结果，提供系统的辅助功能。

（2）数据集中式

网络系统专门设置集中的数据存储和管理服务，网络的其他部分称为数据客户，它们一般是带有一定功能的 GIS 软件。

（3）功能集中式

与数据集中式相反，功能集中式的网络信息系统把绝大部分的功能集中在一个或者几个容量大、性能高的服务器上，由他们负责所有的分析和处理，数据则分散在客户端存储和管理。

（4）全分布式

全分布式系统是原有的非网络化的信息系统自然进化的结果。在全分布式系统中，各个子系统具有完备的数据库及地理信息系统软件和其他应用软件，在网络中同时扮演客户和服务器的角色。各个子系统的软硬件环境和特性及拥有的数据都很可能不一样，但同时又有很密切的联系和互补性。系统的集成，通过网络操作系统及各个子系统提供的 API 实现。实现全分布式网络地理信息系统，往往需要基于已有的系统平台进行二次开发。

（5）函数库服务器

传统的软件系统一般是静态的，为了提供更多的功能，系统变得越来越大，而实际上，对于每一个用户来说，通常需要有限的功能，这样就造成了系统资源的浪费。对于集中式系统而言，系统的扩大将加大中央服务器的负担，造成系统性能的下降，而全分布式系统实现又较为复杂。函数服务器把优化的功能函数存储在服务器上，通过网络按用户要求动态合成应用软件，并使其在客户端运行，从而从根本上改变了传统的资源分配和软件运行及维护方式。基于分布构件模型（CORBA 或 DCOM）构造的软件系统可以在一定程度上实现函数库服务器。

3.4 互联网 GIS 的体系结构

网络计算模式从早期的单一计算模式（集中式体系结构）发展到后来的客户／服务器计算模式（分布式的两层体系结构）乃至今天的浏览器／服务器计算模式（分布式的三层、多层体系结构）。两层体系结构把网络 GIS 分成客户机和服务器两个部分，它们之间通过网络在一定的协议支持下实现信息的交互，形成客户／服务器计算模式，共同协调处理一个应用问题。

客户机和服务器并非专指两台计算机，而是根据它们所承担的工作来加以区分的。客户机和服务器是相互独立、相互依存、相互需要的。客户机通常是承载最终用户使用的应用软件系统的单台或多台设备，而服务器的功能则由一组协作的过程或数据库及其管理系统所构成,为客户机提供服务,其硬件组成往往是一些性能较高的服务器或工作站。

三层体系结构突破了客户 / 服务器两层模式的限制,将各种逻辑分别分布在三层结构中来实现,这样便可以将业务逻辑、表示逻辑分开,从而减轻客户机和数据服务器的压力,较好地平衡负载,并且形成了一种新的计算模式——浏览器 / 服务器模式。另外,将用于图形显示的表示逻辑与 GIS 的处理逻辑分开,可以使 GIS 的处理逻辑为所有用户共享,从根本上克服两层结构的缺陷。

3.5　互联网 GIS 的技术体系发展

在目前数字城市地理空间框架建设、物联网和云计算等快速发展的背景下,智慧城市建设正在全国广泛开展。信息化测绘体系提供了数据获取的实时化与动态化、数据处理的智能化与自动化、数据服务的网络化、信息应用的社会化、功能取向的服务化。数字城市地理空间框架建设面向政府各部门、企事业单位和社会公众提供了权威性、现势性、高效性的地理信息服务,提升了城市管理的科学化、精细化水平。从数字城市发展到智慧城市,符合中国城市科学发展、信息技术发展、经济社会发展的需求和规律。全 IP 网络架构的传感器和物联网的出现及发展为测绘地理信息的应用提供了广阔空间。本节重点研究智慧城市建设中测绘地理空间信息基础设施的应用优势,并着重阐述在智慧城市时代测绘地理空间信息技术发展所面临的新机遇和挑战。

3.5.1　互联网 GIS 的测绘地理信息基础设施

智慧城市测绘地理信息基础设施,为智慧城市提供地理空间定位参考、专题业务信息处理参照和直观形象可视化表达,主要包括:空间坐标参考系统框架进一步完善,建成覆盖全域的大地测量、高程基准、重力系统、深度基准和时间系统框架;对地多分辨率多时态观测与分析手段进一步丰富,利用空—天—地一体化智能传感器网络全面多尺度地获取高分辨率、高光谱的地理信息,集成人口统计信息、工商法人数据、宏观经济等专题,形成动态鲜活的时空大数据;地理信息空间分析与服务模式进一步扩展,全面提升智慧物流、智慧医疗、智慧城管、智慧电网等应用的支撑水平;地理信息决策分析和支撑功能进一步优化,扩充传统地理信息系统辅助决策、虚拟展现、宣传咨询等方面的应用机制和能力。智慧城市将利用 80% 关联的地理信息,渗透到城市的各个方面,形成生活、产业发展、社会管理的新模式和新形态。

智慧城市测绘地理信息基础设施,应加快推进政府云计算中心和基础信息共享工程建设,增强信息基础资源的整合和共享能力;加强基于地理信息平台的电子政务顶层设计,研究集成丰富空间数据资源及地理语义的架构;推进人口统计信息、工商法人数据、宏观经济等基础信息系统建设,整合统计、民政、公安、工商、经发等相关部门专题信息,建立基础数据标准化和规范化机制,重点建立自然资源和地理空间基础信息时空数据库，为智慧城市时空信息云平台建设提供基础支撑。

3.5.2 互联网 GIS 的技术应用优势

当前，各类新型高分辨率对地观测卫星、多源主动传感器物联网、网络云计算等的普及应用促进了数字城市向智慧城市快速发展。随着传统地理信息系统对空间信息的获取、编辑、分析和可视化等功能研究的不断深入，建立地理信息公共服务的一站式平台，通过标准化模型进行多源海量异质异构地理空间信息资源的自主加载和共享融合，将推动地理空间信息技术在社会各类型专题业务中的应用，逐渐形成网络化、社会化和大众化的应用模式。

（1）地理空间信息资源的聚合

测绘地理信息领域，空—天—地一体化智能对地观测传感器网络获取数据不断增长，每天达到 TB 级，涉及经济、公安、规划、国土、气象、水利等领域，具有数据量大、种类多、来源广、获取速度快等特点，无法在一定时间内用常规软件工具进行抓取、管理和处理。对于这些海量数据的集成共享应用成为智慧城市地理空间信息领域需要解决的重要问题。

地理空间数据资源存在异构性和很强的分布性，需要有效地实现数据融合与集成，基于 Web Service 的分布式共享，不仅提高了地理数据和处理模型的访问性和重用性，而且实现了分布式网络环境下的地理数据和处理模型的互操作。GIS 技术和 Web 技术相结合，使 GIS 系统由传统的桌面化 GIS-system 发展为基于互联网的 GIS 系统；将 Web Service 技术引入 Web GIS 中，改变了 GIS 数据的访问模式，出现了服务化的 GIS。传统组件化 GIS 系统中组件模型和分布式传输协议的差异导致数据共享、软件重用和跨平台等问题；基于网络的互联网 GIS 方便数据获取、集成和共享，但处理模型和地理语义的不一致，使得灵活地获取数据和信息处理功能存在困难。OGC、ISO/TC211 等国际组织基于 Web Service 技术，提出 WMS、WFS、WPS 等规范，即分布式的各种空间信息服务，成为空间信息发现、访问、分析和可视化的统一框架，并被 ESRI、微软、超图、吉奥等国内外主要 GIS 厂商接受认可，也基本实现了地理空间信息资源的集成共享。

（2）一站式公共服务平台的构建

传统的地理信息系统根据已有空间数据和任务需求，建立空间数据库和消息交互平台，定义信息分析处理模式，实现地理处理任务，其弊端在于以数据的拷贝或交换为共享基础，限制了部门应用和信息化建设。而在面向服务架构 SOA 中，主要包括三种角色：服务提供者、服务代理者和服务请求者，分别对应服务发布、查找和绑定三种行为。地理信息公共平台作为一个整体，提供一站式服务，即服务提供者可以定制使用服务，服务使用者也可以向平台注册自定义服务。在开放地理信息和互操作方面，OGC 提供了地理数据向可方便访问和操作的 Web Service 转换的解决方案，并针对这些标准的地图服务，制订了一系列的空间过滤规范和地理处理规范等。

数字城市地理空间信息共享框架的逻辑模型，可将 Shapefile 文件、Oracle 空间数据库或 PostgreSQL 数据库等分布式存储的地理数据，通过分布式 GIS 服务器，发布为符合 OGC 规范的数据服务和功能服务，并建立分布式、一站式的地理信息公共服务平台。

（3）面向任务的以人为本智能应用

智慧城市应用的重要特点是智能化和自动化，开放网络环境下的空间信息服务将为用户使用地理数据和进行空间分析提供灵活的方式，通过集成语义推理，广泛推广各类专题业务的智能应用。建立以自然语言为输入的智能 GIS，通过理解自然语言词汇对应的空间实体之间空间关系的形式化描述，得到所需的用自然语言表达的查询结果，有助于提升空间信息公共服务平台及智慧城市的智能化水平。

面向自然语言的空间关系推理主要有空间关系描述、空间关系自然语言形式化表达、空间关系自然语言查询语句转换及自然语言查询接口等，在将空间对象抽象为不具有地理语义的空间几何体时，需要同时考虑不同地理特征类型所引起的语义差别影响。地理空间信息不仅仅是具有简单的点、线、面的几何和属性特征的实体，而且更重要的是具有一定地理语义特征的实体，其描述和表达受到地理本体所属类型和语言环境的影响。地理本体是地理空间信息领域共享概念模型的明确的形式化规范说明。构建地理信息元数据本体以对地理数据服务语义描述，并进行空间信息服务的自动发现，根据概念间的特征相似度、语义距离相似度和语义重合相似度进行匹配组合。基于地理本体及其语义的自然语言更能够符合人们对地理知识特点的表达，实现地理空间信息服务的自动发现和共建共享。

专题应用中，业务模板组合和封装了领域内的专家知识经验，包含了归纳总结的规则性工作模式和可重用的业务流程框架，可直接移植、裁剪、扩展、配置和组合以构建应用系统。不同专业任务的业务模板，具有大粒度知识封装、服务质量 QoS 支持、服务资源可配置、嵌套组合的特点，可通过服务集成终端、业务构件、业务模板、业务逻辑、服务语义和资源管理模块等形成以用户为导向的智能应用，从接触、感受、交互、获知和非理性认知的各个阶段体现以人为本的个性化主动服务模式，实现以用户为中心的地理服务解决方案。

3.5.3 互联网 GIS 的机遇与挑战

数字城市地理空间框架建设已经取得阶段性成果。地理信息公共平台通过分布式存储、多节点协同、一站式服务，面向各级政府政务部门、地理专业用户、企事业和普通公众提供基础地理数据资源和平台应用服务支撑，在城市规划、建设、管理和经济社会信息化发展方面发挥了重要作用。针对新形势和新问题，结合国内外智慧城市建设情况，地理空间信息技术科学面临全新的发展机遇和挑战。

（1）时空信息地理建模与空间化

数字城市地理空间框架建设阶段主要以分布式、一站式的地理信息资源为主，以网络在线方式提供数字化、网络化、协同化服务。智慧城市是在已建成的数字城市地理空间框架基础上，结合云计算和物联网技术，集成和融合物联网多种传感器信息，构建虚拟共享基础设施、数据、软件和平台，为用户提供鲜活化、虚拟化、灵性化的智能服务。智慧城市时空信息云平台，以直观表达的全覆盖精细地理信息和多历元地理信息为基础，接入物联网感知设备实时信息，面向泛在应用环境按需提供地理信息、功能软件和开发接口服务，是带有时间维的空间信息和真实世界的连续再现，并能够依托物联网络反作用于真实世界。

建设智慧城市时空信息云平台，需要基于时空地理信息数据库集成平台，形成统一灵活的时空信息地理建模框架。其重点在于以真三维空间抽象表达地理现象，而不是在目前二维基础数据库上简单地扩展时间作为第三维属性，同时以时间—空间地理信息模型辅助空间分析，提供时空模拟、历史演变、未来预测预警等应用。时空信息云平台将以空间位置为中心，充分整合和广泛关联各种业务数据以及泛在传感器感知信息，从管理空间信息转变为空间化管理所有信息，建立室内外一体化、高精度、高时空分辨率、多层次的语义位置时空信息数据库。重要的是完善泛在网络接入、加载和服务的标准协议以充分发挥"时空信息的承载引擎"核心作用的同时，进一步完善二三维一体化的城市框架模型和室内外无缝导航与位置服务基础设施，实现广泛的时空信息地理建模与空间化。

（2）时空大数据一体化高性能智能处理

智慧城市通过物联网多传感器，实现"人与人、人与物、物与物"的互联互通，通过智能传感网完成动态观测数据的实时接入，并与主动推送无缝对接，针对海量时空大数据建立数据与用户之间的主动推送与反馈服务机制，提供多传感器数据的修改、关联、融合等在线处理能力。这样，就需结合云计算环境实现大数据一体化高性能处理，以开放互操作方式满足不同背景、多类型、分时空的信息需要，真正实现聚焦服务和按需服务，实时快捷准确地并行和效用计算，发挥在城市运行管理（如衣食住行、应急响应等）的最大化核心价值。

如果时变空变的实时接入数据一旦存起来再处理其价值将急剧减小，因此，时空大数据一体化高性能处理的突出要求是快速、准确、灵性、全面。从传感网数据获取到网络传输集成融合再到云端分析处理和输出，高性能智能处理将全部以在线工作流引擎驱动，需突破海量大数据并行处理算法、资源动态均衡调度策略、异构数据融合机制、地理处理语义模型等。

（3）丰富语义信息的深度挖掘

"一库，一平台，多示范应用"模式的数字城市地理信息公共平台已经建立，可集成视频、街景、感应、气象等传感设备及信息，但仅是将其位置标注在地图上，或另辟窗口单独展现接入，信息有效提取手段缺乏，也未能与空间信息有机整合，更未在空间分析和科学决策中充分利用这些专题信息，存在对海量丰富数据资源语义信息缺乏深度挖掘的问题。

所谓的丰富语义信息的深度挖掘，就是利用时空大数据分布式一体化管理与协同计算的机制，深入挖掘丰富的集成地理语义的信息，发展空间分析模型数据库并在此基础上进行数据处理流程再造。智慧城市建设中，通过充分挖掘各种专题业务数据，可以及时发现基于空间位置的多维时空相互关联关系及其演变规律，将地理信息系统从传统的展示、表现和模拟转变为融入业务的数据分析工具、科学决策支撑和日常办公助手，最大限度地发挥已有地理空间信息的价值，充分挖掘地理语义信息的巨大潜力，有效解决跨时空的复杂城市问题和服务民生方面的问题。

3.6 本章小结

互联网 GIS 及其测绘地理信息已成为智慧城市建设的重要基础设施，自然资源与空间地理数据也是智慧城市四大基础数据库之一。在数字城市到智慧城市发展的背景下，多类型感知信息将实时接入，借助云计算技术将实现地理知识引擎和按需服务，互联网GIS 及其地理空间信息技术在数字城市地理空间框架建设中已体现出资源聚合、一站式服务、面向任务的以人为本智能应用等方面优势。在智慧城市时空信息云平台建设中，地理空间信息科学面临发展机遇和挑战，需要在时空信息地理建模、时空大数据高性能处理和语义信息挖掘等方面突破和提升，才能支撑智慧城市的建设与运行。

第 4 章 互联网 GIS 技术与实现

传统的 Web GIS 是利用 HTML 和 ASP 为主要的信息传输和表达工具。但由于 HTML 和 ASP 仅仅擅长于数据表达，页面生成之后信息处于静态模式，不支持矢量图形，不能准确地描述出数据的内部结构和联系，因此不利于对复杂的空间地理信息数据的查询和整合。随着计算机网络技术进步，顺序出现了基于 CGI、Plug-in、ActiveX 和 Java Applet 等方式的实现方法，这些方法实现难易程度不同，具有不同的接口规范和优缺点。目前，较流行的是通过一系列地理信息领域较权威和广泛认可的统一标准规范——空间信息服务，以构建不同粒度、不同主题、不同任务的互联网 GIS 应用系统。

4.1 互联网 GIS 客户端实现

传统上主要运用 Java，ActiveX，CGI，Plug-in 技术进行 Web GIS 的开发和实现，主要完成在 Web 页面上显示地理数据，执行基本的地图浏览、图文查询和简单空间分析任务，核心是通过接收来自服务器端的地理信息矢量编码、文本、图片等，通过内置或扩展 Web 浏览器以实现数据的解译可视化。

（1）服务器 Java 小程序（Servlet）

服务器 Java 小程序（Servlet）是运行在 Web 服务器中的 Java 小程序，相对于 CGI 的每次运行每次装载的低效率机制，Servlet 具有的初始化方法可以驻留内存，因此具有较好的性能。一般 Servlet 运行需要相应 Servlet 引擎支持，Servlet 引擎可以作为 Web 服务器扩展，Servlet 引擎是 Web 服务器和 JavaVM 之间的桥梁，Servlet 必须运行在 Web 服务器中，受到 Web 服务器的诸多限制，因此单纯使用 Servlet 实现互联网 GIS 具有较大的困难。

（2）活动服务器主页（ASP / ASP.Net）

ASP 是 Microsoft 针对动态页面提出的解决方案，可以使用 VBScript 进行编程，开发简单，而且可以使用 COM 对象，是目前编写动态页面用得较多的一种方式，但其限制因素也很多。Microsoft ASP.Net 并非仅仅是下一代的 Active Server Pages（ASP），它为创建利用 Internet 的网络应用程序提供了全新的编程模型。ASP. Net 解决了 ASP 存在的主要问题，Microsoft ASP. Net 是最新的网络应用程序开发利器。具有以下优点：① 高性能和强伸缩性；② 增强的可靠性；③ 部署简单；④ 新的应用程序模型；⑤ 开发人员的效率高；⑥ 简单的编程模型；⑦ 灵活的语言选项；⑧ 丰富的类框架。

（3）纯 HTML / JavaScript 客户端

在互联网部署的应用程序不能强制访问用户安装独立运行软件或者浏览器插件，通用浏览器支持 HTML 和 JavaScript，使用纯 HTML 的最大好处是实现了真正的跨平台运行。JavaScript 功能强大，在安全限制的保证下，JavaScript 可以使用浏览器提供的强大的客户端功能，响应用户的操作，实现 GIS 交互的操作。在新一代 Web 应用程序开发工具的支持下，纯 HTML / JavaScript 的客户端明显具有开发和部署的优势，如 ASP. Net 的服务器端编程模型以及若干服务器端控件可以根据客户端浏览器和移动设备自动产生适应客户端的纯 HTML 和 JavaScript 代码。

纯 HTML / JavaScript 的缺点是交互性较差，浏览器对其限制比较多，难以完成一些复杂的客户端操作。HTML 和 JavaScript 并不支持交互式的绘图操作，实现复杂的交互操作时难度较大，一般不在客户端实现复杂图形操作，通常情况下专业 GIS 厂商将脚本进行不同层次的功能封装，这样就可以满足应用系统的开发需求了。与这种客户端相适应的体系结构一般采用只传输地图处理结果的方式，对于复杂的地图和海量影像数据浏览非常适合。

（4）Plug-in 插件

通过在浏览器方安装插件，可以改善软件运行交互性，并可以完成一些复杂的操作，但与传统的应用软件类似，插件软件也需要先安装再使用，也就是说，若想进行地图浏览和交互，最终用户必须下载 GIS 插件，因而传统软件中不同版本之间的兼容性及版本管理问题仍然存在。如果采用这种方式，对于不同的浏览器需要开发不同的插件，难以实现跨平台运行，而且下载插件需要花费较长的时间，因此对于不以地图访问为主的用户来说不太友好，该实现方式一般用于局域网中，针对专业操作用户。浏览器插件方式一般将数据下载到客户机上显示，对于客户机的要求稍高。这种方式不适合处理海量数据和影像，主要用于小型的 CAD 图形的共享。

（5）ActiveX 组件

ActiveX 是微软设计的主要用于互联网的轻量级控件，与浏览器插件基本类似。和浏览器插件相比，ActiveX GIS 控件可以自动下载、自动注册、自动升级。ActiveX 的接口遵循相同的标准，如果 ActiveX GIS 组件的体积较大，第一次下载和软件升级的时候，用户需要较长的时间等待，而且目前不能在 Unix、Linux 等系统下运行。

（6）Java Applet 程序

目前流行的程序语言 Java 具有较强的网络处理能力，Java 语言经过多年的发展，在企业计算环境中建立了完善的解决方案和成熟的应用服务器框架。Java 可以用于开发嵌入在浏览器内的客户端，即 Java Applet。Java Applet 其跨平台运行特性一度得到大多数浏览器的支持，但是，浏览器支持的 Java 版本各有不同，开发 Applet 的时候需要考虑版本的支持问题，浏览器不会自动下载其需要的 Java 运行环境，用户的浏览器可能不支持 GIS Applet，造成 Web GIS 的客户端不能正常使用，出现异常。由于程序是在客户端执行的，因而避免了客户端程序和服务器之间不必要的信息流量，提高了整个网络的运行效率，但其主要缺点是速度较慢、图形表现能力不尽如人意。

基于 Java Applet 方式工作原理如图 4-1 所示。

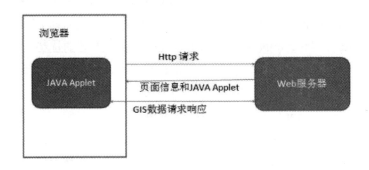

图 4-1　基于 Java Applet 方式工作原理

① Web 浏览器发出 GIS 数据显示操作请求；

② Web 服务器接收用户请求，进行处理，将用户所要的 GIS Java Applet 传送给 Web 浏览器；

③客户端接收到 Web 服务器传来的 GIS 数据和 GIS Java Applet，启动 GIS Java Applet，对 GIS 数据进行处理，完成 GIS 操作；

④ GIS Java Applet 在运行中，又可以向 Web 服务器发出数据服务请求；

⑤ Web 服务器接收请求，并将进行处理所要的 GIS 数据对象传送给 GIS Java Applet。

4.2 空间信息服务框架

4.2.1 OWS 服务架构

Web Service 是一种能够在分布式网络环境下进行部署、发现、绑定和调用的组件模块单元，通过标准的协议，这些组件模块单元能够在分布式网络环境下提供特定的服务，不同的组件模块单元协同工作为用户提供复杂的功能服务。GIS 与 Web Service 技术相结合就产生了 GIS 服务。OGC 将 GIS 服务定义为：不同函数级别的运用系统访问和使用地理信息的实现手段，不同部分的空间信息处理功能完全由服务提供的一系列通用标准接口实现，GIS 服务能够实现系统间数据和功能的互操作，同时解决了 GIS 和其他 IT 行业的运用系统的集成。

OGC Web Service 启动项目（OGC Web Service Initiative）的初衷是以现有的各种标准规范为基础，建立一个可进化的、能无缝集成各种空间数据服务、空间处理服务和位置服务等服务的框架（OWS），该框架能够在分布式网络环境下，实现异构 GIS 系统之间通过 XML 和 Http 技术进行交互，并为各种在线的空间数据服务、传感器信息、位置服务和空间处理服务提供基于 web 的发现、查询、分析和可视化的互操作。OWS 是一个与厂商无关的互操作规范，通过它可以在 web 上发现、存储、集成、可视化、分析各种地理数据、触感器感知的信息和位置信息并提供地学处理能力。OWS 中的每一个信息服务都是独立的，可以被发现和定位，OWS 中的信息服务本身作为一个服务的提供者能够被其他信息服务调用，同时它又是一个服务消费者，能够获取并调用其他信息服务。

OWS 规范被各大 GIS 软件开发商和科研单位广泛的接受，已经成为空间信息服务互操作的标准规范，OWS 框架定义了用于具体实现的具体规范和为异构 GIS 服务平台之间实现信息交流提供基本模型的抽象规范。

OGC 提出了 20 个不同的主题抽象规范：综述、要素几何体、空间参考系统、定位几何体结构、存储函数与插补、精度、要素、时空数据类型、地球影像、要素之间的关系、精度、要素集合、元数据、openGIS 服务体系结构、目录服务、语义和信息团体、图像探索服务、图像坐标转换服务、移动定位服务、地理空间资源数字证书管理参考模型，并定义了空间信息 Web Service 的框架结构，按照 20 个抽象规范将空间信息服务划分为多源集成运用客户服务、注册服务、数据服务、描绘服务、处理、服务及编码六大类别。

①多源集成运用客户服务：主要实现客户端的基本运用，如人机交互、与数据服务和功能服务交互的客户端运用程序。主要包括发现客户、符号管理客户、增值客户、影像使用客户、地图查询客户和传感器 web 客户等主要内容。

②注册服务：提供了 web 空间信息资源的分类、注册、描述、搜索、维护和访问的通用机制，主要包括数据类型注册、数据实例注册、服务类型注册、服务实例注册、地图符号注册等。

③描绘服务：提供了空间信息可视化的基本功能，通过给定的输入生成可视化的地图输出，主要包括网络地图服务、栅格图描绘服务、网络地形服务等。

④数据服务：提供空间数据的基本服务，包括 WCS、WFS、传感器采集服务 SCS、web 对象服务和影像分析服务等

⑤处理服务：提供对空间数据及其元数据处理的基本服务和增值服务，主要包括坐标变换服务、地名服务、空间分析服务、地理编码服务等

⑥编码：为了实现空间信息的互操作，OpenGIS 框架中所有的编码都是以 XML 为基础的，包括 GML、地图图像标注 XML、图层样式描述 SLD、位置组织者文件夹 LOF 服务、影像元数据等。

4.2.2　ISO19119 空间信息服务

ISO19101 定义了空间信息扩展的开放系统环境模型（EOSE），该模型在其提供的

计算机语义类型的基础上定义了服务类。通过扩展，更加广泛的 EOSE 提供了空间信息服务的功能分解，定义了如图 4-2 所示的六种运用于地理信息服务分类。

```
— Geographic human interaction services
— Geographic model/information management services
— Geographic workflow/task management services
— Geographic processing services
        — Geographic processing services – spatial
        — Geographic processing services – thematic
        — Geographic processing services – temporal
        — Geographic processing services – metadata
— Geographic communication services
— Geographic system management services
```

图 4-2　ISO 空间信息服务分类（引自 ISO19119）

①地理人机交互服务，主要实现客户端的基本运用，如人机交互、与数据服务和功能服务交互的客户端运用程序，主要包括：

目录视图：允许用户和目录进行交互来查找，浏览和管理地理数据或地理服务元数据的客户端服务。

地理视图：允许用户查看覆盖数据或者数据集的客户端服务，允许客户端和地图数据之间的显示、叠置和查询等交互。同时允许将不同时期的相同地点的数据组成动画视图，允许地图数据的拼接。

服务编辑器：允许控制地理处理服务的客户端服务，包括理解服务、调用服务、状态更新服务、峰值性能调度服务、与服务链交互的服务。

地理数据结构视图：要素综合编辑器、地理符号编辑器、地理特征编辑器、工作流执行管理器、服务链定义器等。

②地理模型/信息管理服务：管理元数据，概念模式和数据集的开发、操纵、存储的服务。主要包括要素获取服务、地图获取服务、覆盖数据获取服务、传感器描述服务、产品获取服务、目录服务、注册服务、名录服务、订单处理服务。

③空间服务链和任务管理服务：支持特殊任务或者和工作相关的活动的服务，支持涉及活动序列的资源和产品的开发的服务。主要包括服务链定义服务、工作流执行服务和订阅服务。

④地理处理服务：涉及大量数据的大规模计算的服务，处理服务不需要具有提供持久化数据存储和在网络上数据交换的能力。

地理空间数据的处理服务：坐标转换服务、矢量栅格转换服务、影像数据坐标转换服务、影像数据分类服务、影像数据正射矫正服务、传感器几何模型调整服务、采样服务、要素综合服务、定位服务和临近分析服务等。

地理专题数据处理服务：地理参数计算服务、要素综合服务、子集服务、空间计算服务、变化检测服务、地理信息抽取服务、影像处理服务、影像合成服务、多波段影像处理服务、目标检测服务和地理编码服务等。

地理空间时态数据处理：时间参考系统转换服务、子集服务、采样服务、时间临近度分析服务。

空间数据元数据处理服务：统计计算服务、地理标注服务。

⑤地理通信服务：跨越通信网络的数据编码和数据传输的服务，主要包括编码服务、转换服务、地理压缩服务、格式转换服务、消息服务和远程文件和可执行管理服务。

⑥地理系统管理服务：管理系统组件、运用程序和网络的服务，这些服务同时包含对用户账户和进入权限的管理。

4.3　空间信息服务规范

4.3.1　WMS 规范

网络地图服务（Web Map Service）主要根据用户的请求返回具有地理参考的地图，地图格式可以是 png、gif、jpeg 等栅格图片格式，也可以是 svg 或者 GML 的矢量格式，WMS 支持 HTTP 协议，WMS 定义了三个操作，任何一个 WMS 必须定义 GetCapabilities 和 GetMap 这两重要的操作。

GetCapabilities：获取服务的元数据，这些元数据是机器可读的，定义了服务器的内容和接受的请求参数值的描述信息表（表 4-1）。

表 4-1　GetCapabilities 请求参数

请求参数	是否必须	描　述
Version=version	O	请求的版本
Service=WMS	M	服务的类型
Request=getCapabilities	M	请求的名称
Format=MIME_type	O	服务元数据返回的格式
UpdateSequence=string	O	缓存控制的序列号

GetMap：返回地图数据。表 4-2 为 GetMap 请求的参数：

表 4-2　GetMap 请求参数

请求参数	是否必须	描　述
Version=1.3.0	M	WMS 的版本信息
Request=getMap	M	请求的名称
Layers=layerlist	M	请求的图层列表

请求参数	是否必须	描　　述
Styles=stylelist	M	请求的图层样式列表
CRS=epsg**	M	请求的坐标参考系统
BBOX=(minX,minY,maxX,maxY)	M	请求的边界盒大小
Width=width	M	输出地图的宽度
Height=height	M	输出地图的高度
Format	M	输出地图的格式
Transparent=true|false	0	输出地图是否透明
BGColor	0	输出地图的背景颜色，16 进制值
Exceptions	0	输出格式错误时的异常，XML 格式
Time	0	请求的时间

GetFeatureInfo：一个可选的操作，返回请求的特定要素的信息。这个请求的作用是提供给客户端关于 GetMap 请求返回的地图图片里要素的更多信息（表 4-3）。

表 4-3　GetFeatureInfo 请求参数

请求参数	是否必须	描述
Version=1.3.0	M	WMS 的版本信息
Request=getFeatureInfo	M	请求的名称
Map Request Part	M	地图请求参数的部分拷贝
Query_Layers= layerlist	M	请求的图层列表
Info_Format	M	要素信息的返回格式（MIME type）
Feature_Count	0	返回信息的要素的数量
I	M	待查询点在图片上的行像素值
J	M	待查询点在图片上的列像素值
Exceptions	0	输出格式错误时的异常，XML 格式

此外，WMS 规范还定义了一些其他的操作，如 DescribeLayer、GetLegendGraphic、GetStyles、SetStyles。

首先客户端向 Web 地图服务器提交 GetCapabilities 请求，Web 地图服务器返回可用的服务元数据，客户端根据返回的服务元数据向 Web 地图服务器提交 getMap 请求，Web 地图服务器接受客户端的请求并处理，如果没有异常，返回客户端请求的地图图片，如果存在异常就抛出异常。如果客户端想查询图层要素的信息，就向 Web 地图服务器提交 GetFeatureInfo 请求，如果没有异常，返回客户端请求的图层要素的信息，如果存在异常就抛出异常。

4.3.2　WCS 规范

网络覆盖服务规范（Web Coverage Service）WCS 提供完整的、原始的、未经渲染的、包含空间位置信息和属性信息的地理空间信息数据，其数据可以在客户端进行渲染也可以成为地理模型或者其他复杂的客户端的输入。WCS 有三个重要的操作：

GetCapabilities 返回服务的描述信息，是服务级别的元数据具体的请求参数和 WMS
相似。

GetCoverage 是在 GetCapabilities 确定查询方案和需求获取的数据之后执行，返回地
理位置的值或者属性数据（表 4-4）。

表 4-4　GetCoverage 请求参数

请求参数	是否必须	描　述
Version=1.0.0	M	WCS 的版本信息
Request=GetCoverage	M	请求操作的名称
Service	M	请求服务的名称
Identifier	M	请求的 WCS 唯一标识符
DomainSubset	M	定义需要的确定的覆盖的子集
RangeSubset	O	定义需要的确定的覆盖的范围
Output	M	输出的规范

DescribleCoverageType：返回图层结构的描述信息（表 4-5）。

表 4-5　DescribleCoverageType 请求参数

请求参数	是否必须	描　述
Version=1.0.0	M	WCS 的版本信息
Request=GetFeatureInfo	M	请求操作的名称
Service	M	请求服务类别
Identifier	M	待描述的 WCS 的名称列表

4.3.3　WFS 规范

网络要素服务（Web Feature Service）WFS 主要提供矢量数据服务，支持对要素的
插入、更新、删除和查询，WFS 根据客户端的 HTTP 请求返回 GML 格式的简单空间特
征数据。

WFS 支持三种主要的操作：

GetCapabilities 产生描述服务器提供的 WFS 服务的服务元数据文档。所有的 WFS 服
务应该执行 KVP 编码的 GetCapabilities 操作。具体的请求参数和 WMS 相似，并且提供
了 KVP 键值对形式和 XML 文档形式的请求格式。图 4-3 为 WFS 请求规范：

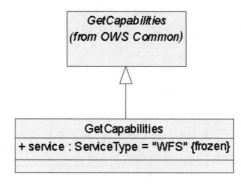

图 4-3　WFS 请求规范

采用 KVP 请求的格式如下：

http://32.255.127.102:8080/smartserver/wfs?version=1.1.0&service=wfs&request=GetCap
abilities

XML 格式的请求格式如下：

〈xsd:element name="GetCapabilities" type="wfs:GetCapabilitiesType"/〉

〈xsd:complexType name="GetCapabilitiesType"〉

　〈xsd:complexContent〉

〈xsd:extension base="ows:GetCapabilitiesType"〉

〈xsd:attribute name="service" type="ows:ServiceType" use="required"
fixed="WFS"/〉

〈/xsd:extension〉

〈/xsd:complexContent〉

　〈/xsd:complexType〉

DescribeFeatureType 返回要素的结构的描述信息，这个结构描述定义了 WFS 如何定义要素实例的输入编码和要素实例的输出编码，方便客户端进行查询和其他操作。

表 4-6　DescribeFeatureType 请求参数

请求参数	是否必须	描　　述
Request=DescribeFeatureType	M	请求操作的名称
TypeName	O	待描述的要素类列表
OutputFormat	O	要素描述信息的输出格式

GetFeature 可以根据客户端的查询条件从数据集中返回一个 GML 格式的简单空间特征数据的选择集。

表 4-7　GetFeature 请求参数

请求参数	是否必须	描　　述
TypeName	M	待查询要素类的名称列表
Request=GetFeature	M	请求操作的名称

请求参数	是否必须	描　述
OutputFormat	0	响应的格式，支持 text/xml gml
ResultType	0	标示响应文档是一个完整的还是返回部分要素的
PropertyName	0	待查询要素的属性名称列表
FeatureVersion	0	返回指定版本的数据
MaxFeatures	0	查询支持最大的要素的数目
SRSName	0	要素类的坐标参照系统
FeatureID	0	待查询要素的 ID
Filter	0	查询过滤器
BBOX	0	指定查询的范围
SortBy	0	查询的结果排序方式

GetPropertyValue 允许通过查询表达式从数据集获取要素属性值或者一部分复杂要素属性值。

WFS 规范同时还提供了一些其他的接口，Transaction 和 LockFeature。Transaction 不仅提供要素的读取，还支持要素的在线编辑和事务处理。LockFeature 可以在 WFS 事务处理期间对要素进行锁定操作，保证对要素操作的安全性和连续性。

首先客户端向 Web 要素服务器提交 Get Capabilities 请求，Web 要素服务器返回可用的要素服务元数据，客户端根据返回的要素服务元数据向 Web 要素服务器提交 Describe Feature Type 请求，Web 要素服务器接受客户端的请求并处理，如果没有异常，返回客户端要素的结构的描述信息，如果存在异常就抛出异常。如果客户端想获取图层要素，就向 Web 要素服务器提交 Get Feature 请求，如果没有异常，Web 要素服务器接受客户端提交的请求参数，调用 Get Feature 操作，并向客户端返回请求的图层要素信息，如果存在异常就抛出异常。

4.3.4　WPS 规范

网络处理服务（Web Processing Service）WPS 主要提供分布式网络环境下一系列的 GIS 空间处理功能服务，WPS 可以实现从简单的空间分析操作到复杂的全球气候变化模型计算的几乎所有功能。WPS 支持三个主要的操作：

GetCapabilities：返回服务级的元数据，即服务器中可用的数据处理的描述信息。请求的参数和 WMS 请求的参数相似。

DescribeProcess：返回可用数据处理过程的输入、输出类型和相应的参数的描述信息。

Execute：提供输入数据和必要参数的调用的执行过程。

表 4-8　Execute 请求参数

请求参数	是否必须	描　述
Service	M	请求的服务的名称，这里是 WPS
Request=Execute	M	请求的操作的名称

请求参数	是否必须	描　述
Version	M	请求的 WPS 的版本信息
Identifier	M	指定的处理标识符
DataInput	O	处理请求的输入参数
ResponseForm	O	处理的返回值的数据结构
Language	O	语言

首先客户端向 Web 处理服务器提交 GetCapabilities 请求，Web 处理服务器返回可用的处理服务元数据，客户端根据返回的处理服务元数据向 Web 处理服务器提交DescribeProcess 请求，Web 处理服务器接受客户端的请求并处理，如果没有异常，返回客户端可用数据处理过程的输入、输出类型和相应的参数的描述信息，如果存在异常就抛出异常。客户端再向 Web 处理服务器提交 Execute 请求，如果没有异常，Web 处理服务器接受客户端提交的输入数据和必要参数并调用的执行过程，向客户端返回处理结果，如果存在异常就抛出异常。

4.3.5　GML 编码

GML 地理标记语言，是一种基于 XML 的，用于空间数据（几何信息和属性信息）的建模、传输、存储和表达的标记语言。GML 地理标记语言提供了包括要素集合、坐标系统、几何要素、拓扑关系、时间和测量单位等信息来描述一个空间实体，它是 Internet上地理系统的标记语言和开放的空间信息交换格式。与 XML 相类似，GML 包含了描述文档结构的规范和包含空间信息的实例文档两部分，GML 有效地实现了空间数据、非空间数据的内容和表现形式的分离，使得空间数据和非空间数据之间的整合更加容易，同时它基于 OGC 提供的公共地理模型和 ISO19100 系列规范，实现了分布式网络环境下的多源异构空间信息集成和共享，因此已经被广泛地运用于空间信息服务交互的互操作中。

GML2.0 标准基于如下表的三个 XML　Schema，任何 GML 的运用都是以这三个Schema 为基础，配合使用进行扩展的。

表 4-9　GML　Schema

Schema 名称	说明信息
Geometry.xsd	基本几何要素的定义，即包含了抽象几何要素，具体点、线、面空间几何要素的类型定义，又包含基础地物类型的复杂类型的定义。
Feature.xsd	基本的地物特征 / 属性模型的定义
Xlink.xsd	实现链接功能

最新的 GML3.0 规范在 GML2.0 规范的基础上又增加如下特征：

①曲线、表面和实体等复杂的空间几何要素的定义；

②支持拓扑关系，可以表示有向的点、线、面和三维实体及其空间关系；

③提出了建立元数据与特征属性间联系的框架；

④增加了时间和移动物体的表达能力；

⑤增强了扩展机制，GML 提供了一套基本的集合对象的 Schema 和数据模型，通过它们，用户可以使用限制和拓展机制构建自己的应用 Schema。

4.4　GIS 服务链模式分析

GIS 服务链就是 GIS 服务的序列，在该序列每一个相连的服务对中，前一个服务的活动是后一个服务的活动的必要条件，每一个服务链都应该具备服务的查找、组合和执行的能力。

根据用户对服务链的控制能力的不同，可以将 GIS 服务链分为透明链（用户自定义链）、不透明链（集成服务链）和半透明链（流程管理链）三种类型。

（1）透明链

用户对其控制能力最强，用户自行负责服务链的定义，根据用户的需求从服务注册中心查找并评估查找的服务是否满足需求，用户定义并控制单个服务的执行顺序，组合查找到的符合需求的各单个互补的服务，组成服务链，服务的细节针对用户是透明的。各单个互补的服务的输入和输出必须是相互兼容的，或者在中间加入格式转换等这样的干预服务。这种类型的服务链假设每一个单个的服务有足够的资源去运行，但是用户必须考虑网络带宽、安全和认证等因素。服务链的语义的正确性也是由用户决定的，用户定义的服务链可以反复执行，直到获得用户所需的正确的结果。透明链的专业性强，对用户的专业知识要求较高。透明链的架构模式如图 4-4 所示：

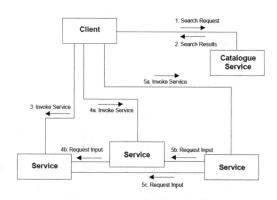

图 4-4　透明链的架构模式

表 4-10 为透明链的执行步骤：

表 4-10　透明链执行步骤

step1：搜索请求	用户使用一个客户端发送一个搜索请求（或搜索系列）到目录服务。目录服务提供有关的服务元数据的查询
Step2：搜寻结果	目录服务返回用户感兴趣的服务的元数据，图 4-4 中用户发现三个可以组成服务链的服务

Step3：调用服务	用户使用浏览器调用服务，返回的结果可作为随后的服务的输入
Step4a 调用服务 Step4b 请求输入	用户通过浏览器调用第二个服务，该请求包含一个从上一步返回的结果的参考，调用返回一个可以作为下一步输入的结果
Step5a 调用服务 Step5b 请求输入 Step5c 请求输入	用户通过浏览器调用第三个服务，该请求包含一个从上两步返回的结果的参考，第三个调用返回一个结果到客户端

（2）不透明链

用户对其控制能力最差，整个不透明链是以单个服务的形式出现的。不透明链事先定义好隐藏在内部的所有的互补的单个服务的协作问题，对用户而言用户不清楚在不透明链背后的各个互补的单个服务链具体的细节，用户只需从注册中心查找符合用户需求的预先定义好的不透明服务链，调用即可返回所需的结果，用户不知道服务链是怎么完成服务的执行的。用户有可能需要提供特定服务（数据实例）的执行参数，不透明链对用户的专业需求较低，不透明链处理执行服务链中的分布式计算的各个方面的细节，不能满足空间信息领域的专业用户的复杂需求。不透明链的架构模式如图 4-5 所示：

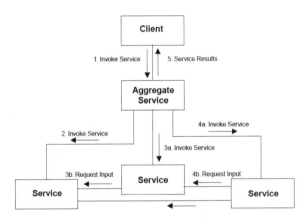

图 4-5　不透明链的架构模式

表 4-11 为不透明链的执行步骤：

表 4-11　不透明链执行步骤

step1：调用一个服务	用户通过客户端请求不透明服务执行服务链。该用户可能不知道该服务是通过使用一个不透明链来实现的
Step2a：调用服务	不透明服务决定服务链中的服务，调用第一个服务，第一个服务通知不透明服务链任务完成的状况
Step3a：调用服务 Step3b：请求输入	在第一个服务完成状况的基础上，不透明服务链决定服务链中第二个服务并且调用，第二个服务从第一个服务请求输入，服务通知不透明服务链任务完成的状况
Step4a：调用服务 Step4b：请求输入 Step4c：请求输入	在第二个服务完成状况的基础上，不透明服务链决定服务链中第三个服务并且调用，第三个服务从第一个服务和第二个服务请求输入，服务通知不透明服务链任务完成的状况
Step5：服务链结果	在最后一个服务完成状况的基础上，不透明服务链通知客户端服务链的完成状况，并返回结果

（3）半透明链

半透明链是预先已经定义好的服务链，只是将服务的流程定义送入工作流引擎，工作流引擎负责流程的执行并监控返回的结果。在半透明链中用户调用工作流管理服务，或者多工作流服务来控制服务链的执行，用户对每一个独立的服务很了解，用户参与的工作就是与工作流交互和监视服务链的执行，提供用户感兴趣的数据实例的具体参数。在服务链中引入工作流技术，便于空间信息服务的业务流程定义和监控，用户具有更大的灵活性和控制力。为了减轻用户的负担，工作流负责处理执行服务链的分布式计算的各个方面的细节。半透明链的架构模式如图 4-6 所示：

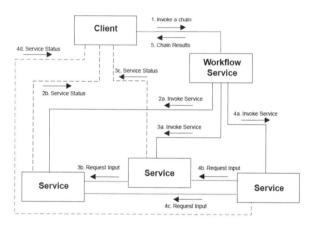

图 4-6　半透明连的架构模式

半透明链的执行步骤如表 4-12 所示：

表 4-12　半透明链执行步骤

step1：调用服务链	用户通过客户端请求工作流服务去执行服务链。用户允许在执行服务链之前修改服务链的一些方面
Step2a：调用服务 Step2b：服务状态	工作流服务决定服务链中的服务，调用第一个服务。服务通知工作流服务任务完成的状况，服务的状态直接向客户端提供，客户端可以停止服务的执行
Step3a：调用服务 Step3b：请求输入 Step3c：服务状态	在第一个服务完成状况的基础上，工作流服务决定工作流中第二个服务并且调用，第二个服务从第一个服务请求输入，服务通知工作流服务任务完成的状况，服务的状态直接向客户端提供，客户端可以停止服务的执行
Step4a：调用服务 Step4b：请求输入 Step4c：请求输入 Step4d：服务状态	在第二个服务完成状况的基础上，工作流服务决定工作流中第三个服务并且调用，第三个服务从第一个服务和第二个服务请求输入，服务通知工作流服务任务完成的状况，服务的状态直接向客户端提供，客户端可以停止服务的执行
Step5：服务链结果	在最后一个服务完成状况的基础上，工作流服务通知客户端服务链完成的状况

这三种服务链模式可以单独存在，可以以一个单独的服务存在，可以进行递归地进行相互调用，形成新的服务链，定义递归组合服务的能力，提供了可扩展性和自上而下逐步求精以及自下而上的聚合的支持。服务链的三种模式可以被用来定义如何构建服务链库，有经验的用户可以用透明链构建服务链，然后再反复的使用透明链构建出满足实

际需求的更加复杂的服务链。例如不透明链可能被当作一个接口构建起来被反复使用。

4.5 本章小结

面向服务的体系架构为互联网地理信息系统的设计与构建提供了新的体系架构和概念模式，即将网络上的各种资源包装成服务的形式对外发布，提供标准的调用接口，实现业务逻辑和实现相分离。SOA 为互联网 GIS 提供了新的架构支持，Web Service 技术为互联网 GIS 提供了具体的实现技术，OGC 的各种服务规范提供了互联网 GIS 空间信息服务的规范依据。本章重点研究了基于空间信息服务技术的互联网 GIS 的设计与实现，为空间信息的共享和增值进行了有益的尝试，主要包括空间信息服务的概念及其相关的技术、体系架构及 OGC 的 Web Service，即常用的地图数据服务 WM、WFS、WCS 和 WPS 空间处理服务等。

第 5 章 移动 GIS 技术与应用

近年来，由于通信技术和移动互联网的快速发展，以及 Android 平台移动终端的智能化和普及化，越来越多的个性化智能应用产品出现在我们面前，有些甚至还融入到了我们的日常生活中。随着现代生活质量的提高，很多人都开始注重自己的日常健康锻炼。现如今，由于各大地图服务商都在免费提供地图服务，移动互联网 GIS 系统可以百度地图界面为支撑，借助加速度、定位、重力等传感器实现地理过程中的空间定位、计步、计时等功能，能够提供运动路径规划、景点信息采集和环境指数呈现等地理信息的便利服务。

5.1 移动 GIS 概述

5.1.1 手机智能应用的发展

近几年，移动互联网的发展突飞猛进，智能终端的发展成为 ICT 行业中新热点，可穿戴智能设备登上历史舞台，使移动终端突破手机边界，成为当今移动互联网终端侧发展的新方向。就目前市场出现的智能穿戴类应用来看，其中涉及的手机传感器主要有运动传感器、环境传感器、体征传感器和音影传感器四种。其中，利用运动传感器中的重力加速度传感器的一些可穿戴设备，比如 Jawbone 的 UP、Nike 的 FuelBand、Fitbit 的 FLex 等智能手环，还有国内的咕咚手环，都可用于计步器来采集、运动的记录，比如步数、运动距离、体能消耗等。智能终端的发展离不开硬件和软件平台的支持，目前一些关键技术还尚未成熟。处理器和能源技术的协同发展将直接影响智能终端的实用性和可操作性。

5.1.2 基于互联网地图的移动 APP

目前市场上的计步类软件大多都是简单的数据记录和数据统计界面，且大部分都是经过手机 GPS 获取的位置信息来计算距离从而推算出人的步数，当 GPS 信号好时这个方法是奏效的，然而当人们处于室内或者没有 GPS 信号的区域时作用就不大了。GPS 数据对于最终测算的结果影响比较大。本文将采用大部分智能手机都配备的加速度传感器实现计步，不支持 GPS 的设备也可正常工作。为了提高用户体验度，制作一款基于百度地图 API 的健康助跑运动软件，可以在统计用户运动数据的同时，给用户同步呈现的是地图上自己位置的变化，还可以记录用户的运动轨迹，为用户提供运动路线、环境指数的参考，以及选择最佳的运动路线规划，具有很大的市场前景和研究意义。

美国宾夕法尼亚大学最近发布一项研究表明，智能手机的计步应用精度已经足够高，在精度上完全可以媲美可穿戴设备，甚至更优。研究报告中对多款 App 的计步功能进行了统计，误差在 -6.7% ~ 6.2% 之间，而可穿戴设备的误差在 -22.7% ~ -1.5% 之间。相比较可见，实现一款计步类的 App 在计算精度上面比可穿戴设备更加具有优势，而且目前人们用得比较多的还是智能手机，但穿戴设备还不算普及，而且现在在技术上面还不是非常完善，一些精度高的设备价格也不便宜。就实用性来看，运动类 App 更具优势。

国内也有许多运动类软件，比较出色的有，入选 App Store2013 年度精选的唯一一款国内应用，"乐动力"，以及累获 2 亿风险投资的"咕咚"，都是比较不错的运动软件，在实现运动数据统计的同时，还有各自的社交平台，其中不同的是，"乐动力"主要以数据统计界面为主，地图为辅助界面，突出了数据统计特征，计步过程无须借助运动手环。"咕咚"则采用了高德地图作为它的应用主界面，但是要采集计步数据需要配备运动手环。二者都有各自的优缺点。

5.1.3　Android 开发平台

Android 是一种以 Linux 为基础的开放源代码操作系统。事实上，Android 是一个开源的软件栈，它包含了操作系统、中间件、关键的移动应用程序，以及一组用于编写移动应用的 API 库，所编写的移动应用程序将决定移动设备的样式、观感和功能。

Android 系统的底层建立在 Linux 系统之上，该平台由操作系统、中间件、用户界面和应用软件 4 层组成，它采用一种被称为软件叠层（Software Stack）的方式进行构建。这种软件叠层结构使得层与层之间相互分离，明确各层的分工，这种分工保证了层与层之间的低耦合，当下层或层下发生改变时，上层应用程序无须任何改变。图 5-1 显示了 Android 官方文档中提供的系统体系图。

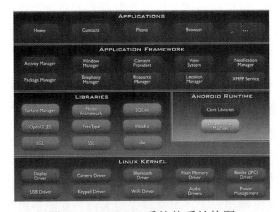

图 5-1　Android 系统体系结构图

从图 5-1 中可以看出，Android 系统主要由以下 5 部分构成：

①应用程序层：Android 系统包含系列的核心应用程序，包括电子邮件客户端、SMS 程序、日历、地图、浏览器、联系人等。

②应用程序框架：开发 Android 应用程序时，就是面向底层应用程序框架进行的，不管是 Android 系统提供的程序还是普通开发者提供的程序，都可访问 Android 提供的 API 框架。

③函数库：Android 包含一套被不同组件所使用的 C/C++ 库的集合，开发人员不能直接调用这套 C/C++ 库集，但可以通过它上层的应用程序框架来调用。

④ Android 运行时：主要由 Android 核心库集和 Dalvik 虚拟机两部分构成，其中核心库提供了 Java 语言核心库所能使用的绝大部分功能，而虚拟机则负责运行 Android 应用程序。

⑤ Linux 内核：Android 系统建立在 Linux 之上，Linux 内核提供了安全性、内存管理、进程管理、网络协议栈和驱动模型等核心系统服务，除此之外，Linux 内核也是系统硬件和软件叠层之间的抽象层。

5.1.4　Android 手机传感器

Android 的传感器类型有很多，部分传感器是基于软件的，部分是基于硬件的。基于软件的传感器没有物理硬件，通过相关软件来模拟硬件传感器的功效，它的数据来源于一个或多个基于硬件的传感器，比如加速度传感器和重力传感器。基于硬件的传感器则是利用内嵌与手机或者移动设备中的物理部件来测量相关参数并将数据反映给用户，包括加速度数据，地磁场强度数据等等。表 5-1 中列出了 Android 平台支持的全部传感器。

表 5-1　Android 平台支持的全部传感器

传感器	类型	说　明	常见用途
TYPE_ ACCELEROMETER	硬件	测量施于设备的物理三维方向上（X、Y 和 Z 轴）的加速度，包括重力，单位为 m/s^2	运动检测（晃动、倾斜等）监测气温
TYPE_AMBIENT_ TEMPERATURE	硬件	测量周围环境的温度，单位为摄氏度（℃）	监测气温
TYPE_GRAVITY	软件或 硬件	测量施于设备的物理三维方向上（X、Y 和 Z 轴）的重力加速度，单位为 m/s^2	运动检测（晃动、倾斜等）
TYPE_GYROSCOPE	硬件	测量施于设备的物理三维方向上（X、Y 和 Z 轴）的转动角速度，单位为 rad/s	转动检测（旋转、转动等）
TYPE_LIGHT	硬件	测量周围环境的光照强度（照度），单位为 1x	控制屏幕亮度
TYPE_LINEAR_ ACCELERATION	软件或 硬件	测量施于设备的物理三维方向上（X、Y 和 Z 轴）的加速度，但不包括重力，单位为 m/s^2	监测某一维轴线上的加速度
TYPE_MAGNETIC_ FIELD	硬件	测量周围物理三维方向（X、Y 和 Z 轴）的地球磁场，单位为 uT	创建指南针

传感器	类型	说　明	常见用途
TYPE_ ORIENTATION	软件	测量周围物理三维方向（X、Y 和 Z 轴）的旋转角度。自 API level 3 开始，利用重力传感器和地磁传感器，可以用 getRotationMatrix() 方法读取倾斜矩阵和旋转矩阵	检测设备的方位
TYPE_PRESSURE	硬件	测量周围大气压力，单位为 hPa 或 mbar	监测气压的变化
TYPE_PROXIMITY	硬件	测量附近的物体与设备屏幕间的距离，单位为 cm。此传感器的典型应用，是可以检测手持设备是否被人拿起来并靠近耳朵	通话时确定电话的位置
TYPE_RELATIVE_ HUMIDITY	硬件	测量周围环境的相对湿度（%）	监测结露点、绝对湿度和相对湿度
TYPE_ROTATION_ VECTOR	软件或硬件	根据设备旋转向量的三个参数测量设备的方向	运动检测和转动检测
TYPE_ TEMPERATURE	硬件	测量设备的温度，单位是摄氏度（℃）。这个传感器的实现因设备的差异而各不相同，并自 API Level 4 开始由 TYPE_ AMBIENT_TEMPERATURE 代替	监测温度

Android 平台支持很多监测设备运动的传感器，按照本质来分：

基于硬件：加速度计、陀螺仪；

基于硬件或软件：重力计、线性加速度计、旋转向量传感器。

按照功能进行分类：

加速度传感器：加速度传感器测量设备的加速度，包括重力加速度。后文简称加速度计。

重力传感器：重力传感器能以三维向量的方式提供重力方向和数量值。

陀螺仪传感器：陀螺仪测量设备围绕 x、y、z 轴旋转的速率，单位是 rad/s。

线性加速度传感器：线性加速度传感器能向你提供一个三维向量，表示延着三个坐标轴方向的加速度，但不包括重力加速度。

旋转向量传感器：旋转向量代表了设备的方位，由角度和坐标轴信息组成，包含了设备围绕坐标轴（x、y、z）旋转的角度 θ。

运动传感器在监听事件 SensorEvent 中将检测数据以数组的形式反应给用户。比如，加速度传感器会返回 x，y，z 三个方向上的加速度。表 5-2 列出了 Android 平台支持的所有运动传感器。

表 5-2　Android 平台支持的所有运动传感器

传感器	传感器事件数据	说　明	测量单位
TYPE_ ACCELEROMETER	SensorEvent.values[0]	沿 X 轴的加速度（包括重力）	m/s^2
	SensorEvent.values[1]	沿 Y 轴的加速度（包括重力）	m/s^2
	SensorEvent.values[2]	沿 Z 轴的加速度（包括重力）	m/s^2

续表

传感器	传感器事件数据	说　明	测量单位
TYPE_GRAVITY	SensorEvent.values[0]	沿 X 轴的重力加速度	m/s^2
	SensorEvent.values[1]	沿 Y 轴的重力加速度	m/s^2
	SensorEvent.values[2]	沿 Z 轴的重力加速度	m/s^2
TYPE_GYROSCOPE	SensorEvent.values[0]	围绕 X 轴的旋转角速度	rad/s
	SensorEvent.values[1]	围绕 Y 轴的旋转角速度	rad/s
	SensorEvent.values[2]	围绕 Z 轴的旋转角速度	rad/s
TYPE_LINEAR_ ACCELERATION	SensorEvent.values[0]	沿 X 轴的加速度（不包括重力）	m/s^2
	SensorEvent.values[1]	沿 Y 轴的加速度（不包括重力）	m/s^2
	SensorEvent.values[2]	沿 Z 轴的加速度（不包括重力）	m/s^2
TYPE_ROTATION_ VECTOR	SensorEvent.values[0]	旋转向量沿 X 轴的部分（$X*\sin(\theta/2)$）	无
	SensorEvent.values[1]	旋转向量沿 Y 轴的部分（$Y*\sin(\theta/2)$）	无
	SensorEvent.values[2]	旋转向量沿 Z 轴的部分（$Z*\sin(\theta/2)$）	无

5.2 利用加速度计实现计步

5.2.1 加速度计的工作原理

（1）加速度计使用的坐标系

通常，传感器框架使用标准的三维坐标系来表示数据。对大多数传感器而言，包括加速度计，其坐标系是以设备保持默认方向时的屏幕为参照物来定义的（参见图 5-2）。当设备保持默认方向时，X 轴表示从左到右的水平方向，Y 轴表示自下而上的垂直方向，Z 轴表示相对屏幕表面由内而外的方向。在这一坐标系中，屏幕背后的坐标用 Z 轴的负值表示。

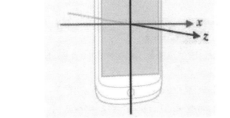

图 5-2　传感器 API 使用的坐标系（相对设备而言）

要理解这个坐标系，最重要的一点就是，屏幕方向变化时坐标轴并不移动——也就是说，设备移动时传感器的坐标系永不改变。这与 OpenGL 坐标系类似。另外，传感器的坐标系总是以设备的初始方向为基准的。

当设备水平放置在桌子上时：

如果你从左侧平推设备（它向右移），则 x 方向加速度为正值。

如果你从下侧平推设备（它向前移），则 y 方向加速度为正值。

如果以 $A\text{m/s}^2$ 的加速度向空中移动设备，则 z 方向加速度等于 $A + 9.81$。

静止状态下设备的加速度值为 $+9.81$，即设备加速度（$0\ \text{m/s}^2$）减去重力加速度（$-9.81\ \text{m/s}^2$）。

（2）加速度计数据的提取

一般情况下，加速度计已足够应付对设备移动情况的监测。几乎所有 Android 平台的手持和桌面终端都带有加速度计，它的能耗是其他运动传感器 1/10。加速度计的缺陷是设备的真实加速度中包含重力因素的干扰，需要剔除重力的干扰。

概念上讲，加速度计是通过测量施于传感器上的作用力，并按以下关系来检测设备的加速度（Ad）。

$$Ad = -\sum Fs\ /\ mass \tag{5-1}$$

然而，重力总是会按以下关系影响测量的精度。

$$Ad = -g - \sum F\ /\ mass \tag{5-2}$$

其中：$\sum Fs$ 表示施于设备传感器上的作用力之和；mass 表示设备质量；g 表示地球重力加速度 $g = 9.81\text{m/s}^2$。要测出设备真实的加速度，必须排除加速度计数据中的重力干扰，Ad 是设备的实际加速度（想知道的值），而加速度的读数是一个受到了重力影响的读数，即 Ad+g。例如，设备静止地平放在桌面上时，Ad 是零，加速度计的读数大小是重力加速度的数值 $g = 9.81\text{m/s}^2$；而当设备自由落体时，它以 9.81m/s^2 的加速度向地面运动，Ad 为 $-9.81\ \text{m/s}^2$，加速度计的读数应该是 0。这可以通过高通滤波器来实现，反之，低通滤波器则可以用于分离出重力加速度值。以下是 Android 官方文档中提供的一个例子：

```
public void onSensorChanged(SensorEvent event){
    // 其中 alpha 由 t/(t+dT)计算得来,
    // 其中 t 是低通滤波器的时间常数, dT 是传感器事件报送频率
    final float alpha = 0.8;
    // 用低通滤波器分离出重力加速度
    gravity[0] = alpha * gravity[0] + (1 - alpha) * event.values[0];
    gravity[1] = alpha * gravity[1] + (1 - alpha) * event.values[1];
    gravity[2] = alpha * gravity[2] + (1 - alpha) * event.values[2];
```

```
// 用高通滤波器剔除重力干扰
linear_acceleration[0] = event.values[0] - gravity[0];
linear_acceleration[1] = event.values[1] - gravity[1];
linear_acceleration[2] = event.values[2] - gravity[2];
}
```

5.2.2 加速步行模型特征

当人们在水平向前的步行过程中,垂直方向和前进方向两个加速度会呈现周期变化。在图 5-3 中,步行过程收脚动作,因为重心向上移动单只脚接触地面,垂直方向上的加速度是呈正向增加趋势,然后向前继续运动,重心向下移动双脚接触地面,垂直方向加速度方向反向。但水平方向上的加速度在收脚动作时减小,在迈步动作时增加。

步行运动垂直前进方向的加速度和时间构成一个大致的正弦曲线,其中在某个时间点会达到峰值,然而垂直方向的加速度变化是最大的,我们可以通过检测轨迹的峰值并对加速度进行阈值处理,就可以大致推算出人们行走的步数,还可以根据用户的步长计算行走距离。图 5-3 表示 x, y, z 轴的加速度和合成加速度的时间变化特征。

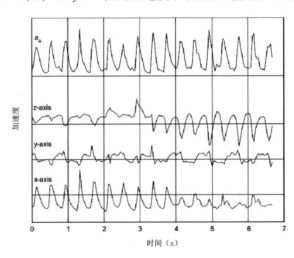

图 5-3 x, y, z 轴的加速度和合成加速度的时间变化特征

5.2.3 计步实现算法

因为人们在行走或者跑步过程中手机或者其他移动设备是放置在口袋中,所以设备方向是可能随时变化的。

第一步:计算三个方向上的合加速度大小与方向,比较当前加速度与上一次获取的加速度方向,如果方向变化就进行后续判断;

第二步:根据预先设置好的阈值(排除其他因素的干扰,像手的抖动等),也就是用户设置的传感器灵敏度,在阈值范围内进行后面的计步判断;

第三步:判断当前加速度是否达到峰值,并且和上一次的加速度峰值接近,并且方向发生了变化,就视为步数改变。

5.3　百度地图 API 简介

百度地图 Android SDK 是一套基于 Android 2.1 及以上版本设备的应用程序接口，您可以使用该套 SDK 开发适用于 Android 系统移动设备的地图应用，通过调用地图 SDK 接口，您可以轻松访问百度地图服务和数据，构建功能丰富、交互性强的地图类应用程序。

百度地图 Android SDK 提供的所有服务是免费的，接口使用无次数限制。申请密钥（key）后，才可使用百度地图 Android SDK。

5.3.1　百度基础地图

基础底图（包括底图、底图道路、卫星图等）；

地形图图层（GroundOverlay）；

热力图图层（HeatMap）；

实时路况图层（BaiduMap. setTrafficEnabled(true);）；

百度城市热力图（BaiduMap. setBaiduHeatMapEnabled(true);）；

底图标注（指百度地图上面那些 POI 元素）；

几何图形图层（可以绘制点、折线、弧线、圆、多边形等图形）；

标注图层（Marker），文字绘制图层（Text）；

指南针图层（当地图发生旋转和视角变化时，默认出现在左上角的指南针）；

定位图层（BaiduMap. setMyLocationEnabled(true);）；

弹出窗图层（InfoWindow）；

自定义 View（MapView. addView(View);）。

5.3.2　地图定位功能

百度地图 Android 定位 SDK 提供 GPS、基站、WIFI 等多种定位方式，适用于室内外多种定位场景，具有出色的定位性能，定位精度高、覆盖率广、网络定位请求流量小、定位速度快。

5.3.3　路径规划功能

路径导航功能属于百度的 Android 导航 SDK 的一个子模块，只需要输入起点、途经点和终点、就可以发起路线规划。

（1）需求分析

基于地图的健康助跑 App 为用户的户外运动提供决策、统计和记录，要求本系统具有以下功能：

以地图作为本系统的主界面，能够让用户观察到自己运动过程中实时轨迹变化；

系统界面要求具有友好的 UI，方便用户操作和使用；

简化用户操作，路径规划中只需用户输入起点和终点，便可生成一条最短路径；

实现运动过程中计步功能，以及相关信息统计；

景点信息采集要求多种方式进行，包括拍照、录音、拍摄视频等，考虑到手机存储容量限制，需要给用户设置每个景点最大附件数量；

环境指数能够呈现出当天及后面近几天的变化，包括天气、温度、湿度、出行运动指数等。

（2）系统框架

图 5-4 描述了基于百度地图 API 的健康助跑 App 系统框架，由上到下依次是应用层，数据层和基础层。应用层包括地图模块，计步模块，景点采集和环境指数。

数据层包括空间数据和属性数据，空间数据主要是位置点坐标和路线坐标串信息，属性数据主要是计步数据和景点采集的多媒体数据。数据通过 SQLite 数据库和手机 SDcard 文件方式进行存储。

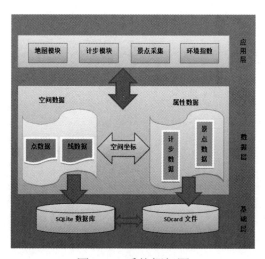

图 5-4　系统框架图

（3）系统开发环境

硬件环境：AMD 四核 CPU 3.0GHz、4GB 内存、1GB 硬盘

软件环境：windows 7 x64（旗舰版）、Java SDK1.7.0_51、Android SDK4.1.2、Android Development Tools22.3.0；

开发工具：Eclipse；

开发语言：Java、XML；

测试环境：TCL s720 真机、Android4.2.2、1280x720 分辨率、1.4GHz 八核、1G RAM、8GROM。

5.4 本章小结

本章概述了移动 GIS 技术在互联网 GIS 系统构建中的应用，重点研究了基于 Android 平台的智能手机终端 APP 开发原理与技术，并结合百度地图 API 和手机各类传感器实现运动记录和健康助跑的框架方法。

第 6 章　互联网 GIS 常用平台开发技术

互联网 GIS 开发平台，是实现互联网 GIS 应用程序的重要载体和手段，掌握常用的互联网 GIS 平台开发方法和技术是地理信息系统实际应用需求，是深入理解和提高互联网 GIS 技术与方法水平的必由之路。

6.1　互联网 GIS 开发平台概述

本文介绍国内外几种常用的互联网 GIS 开发平台，并对互联网 GIS 的实现技术进行深入阐述，使读者根据自己的需求进行合适平台的选择及实现技术的选择。

6.1.1　国内外常见的互联网 GIS 产品

国内几种常见的互联网 GIS 产品主要包括：北京超图公司的 SuperMap IS. Net、武汉奥发科技工程有限公司开发的 AF Internet GIS、国家遥感应用工程技术研究中心网络与运行工程部独立开发的地网 GeoBeans、武汉吉奥信息工程技术有限公司的 GeoSurf 等。

国外几种常见的互联网 GIS 产品主要有 MapInfo Corp. 公司的 MapInfo Pro Server 软件、Intergraph Corp. 公司的 GeoMedia Web Map 软件、ESRI Inc. 公司的 Internet Map Server（IMS）软件、Autodesk Inc. 公司的 MapGuide，以及 Bently 公司的 Model Server / Discovery 软件。从与数据库的动态链接性能上来看，GeoMedia Web Map 和 MapGuide 比较突出；在服务器端方面，IMS，MapInfo Pro Server 和 Model Server / Discovery 有较强的空间查询功能；在客户端方面，MapInfo Pro Server 和 IMS 在客户端支持多种平台，而 GeoMedia Web Map 和 MapGuide 仅支持使用 Windows 操作系统的浏览者。如果用于建立局域网应用，选择传递矢量图形的 GeoMedia Web Map、Model Server / Discovery 和 MapGuide 较好，因为它们所需要的插件和 ActiveX 控件可以统一分发、预先安装、客户端具有较强的交互性和较快的响应速度。

6.1.2　常见互联网 GIS 产品平台及技术

服务器端技术基本上都是在 IIS 上进行的扩展，例如 CGI、ISAPI、ASP. NET 等，下面分别就它们的优缺点进行比较分析。

① CGI 是 Web 服务器调用外部应用程序的接口。它允许网页用户通过网页的命令来

启动一个存在于网页服务器主机的程序（称为CGI程序），并且接收这个程序的输出结果。当用户发送一个请求到 Web 服务器，服务器将通过 CGI 把该请求转发给后端运行的 GIS 服务程序，由 GIS 服务程序生成结果交给 Web 服务器，Web 服务器再把结果传递到用户端显示。Internet GIS 最早使用的方法是 CGI 技术。基本上所有的计算机语言都可以用来扩展 CGI 程序，这种系统的好处是程序简单，但由于它的简单，比起商业化的制图软件则显得能力不足，然而大多数商业 GIS 软件并没有设计成以批处理方式运行。

②IIS 编程接口（ISAPI）与 CGI 运行方式类似，所不同的是 ISAPI 一旦启动后，即驻留在内存中，而且是在进程内执行，所以效率比 CGI 高一些，但是由于只能使用 C++ 或 C 编程（实际上由于 VC 提供了比较完善的支持，所以一般只有使用 VC++ 才使用该方式），而且只能用于 IIS 中，所以影响到它的使用范围。

③地理信息系统服务器 GeoServer 是 OpenGIS Web 服务器规范的 J2EE 实现，利用 GeoServer 可以方便地发布地图数据，允许用户对特征数据进行更新、删除、插入操作，通过 GeoServer 可以比较容易的在用户之间迅速共享空间地理信息。

GeoServer 主要特性包括：兼容 WMS 和 WFS 特性；支持 PostGIS、Shapefile、ArcSDE、Oracle、VPF、MySQL、MapInfo；支持上百种投影；能够将网络地图输出为 jpeg、gif、png、SVG、KML 等格式；能够运行在任何基于 J2EE/Servlet 容器之上；嵌入 MapBuilder 支持 AJAX 的地图客户端；除此之外还包括许多其他的特性。

④ArcGIS for Server，旧名 ArcGIS Server，自 ArcGIS10.1 版本起正式更名为 ArcGIS for Server，是一款功能强大的基于服务器的 GIS 产品，用于构建集中管理的、支持多用户的、具备高级 GIS 功能的企业级 GIS 应用与服务。

ArcGIS Server 目前已代替 ArcIMS，必须具备有高效的服务器，同时可以实现很好的负载平衡。ArcIMS 适合高性能的地图数据发布，它提供的功能比较简单（只具备 Viewer 的操作），但是速度明显优于 ArcGIS Server。而 ArcGIS Server 可以实现所有 Engine 可以实现的功能，包括一些高级的 GIS 功能，比如空间分析等。

⑤SuperMap IS. NET 是一款高性能的企业级网络地理信息服务发布与开发平台，采用面向 Internet/Intranet 的分布式计算技术，提供可伸缩、多层次的互联网 GIS 解决方案，全面满足网络 GIS 应用系统建设的需求，支持跨区域、跨网络的复杂大型网络应用系统集成，为企业级 GIS 应用提供强大而可靠的支持，从而使用户可以快速开发定制化的地理信息服务系统。SuperMap IS. NET 完善的 GIS 功能服务、灵活的开发结构和丰富的 SDK 为各种类型的 GIS 应用系统的构建与集成提供了强大的平台。

SuperMap IS. NET 是网络地理信息发布系统的开发平台，提供实现空间信息的管理与发布功能，提供网络分析、空间分析、栅格分析和交通换乘分析等多种 GIS 功能，并具有空间信息在线编辑能力，可以为企事业单位提供不同层次的解决方案，可以全面满足网络 GIS 的应用需求。使用 SuperMap IS. NET 产品，用户不仅可以快速建立基于地图的 Internet/Intranet 的地理信息服务网站，还能快速开发定制化的地理信息服务系统，其特点包括：

完善的 GIS 功能服务；

多样的互联网 GIS 开发框架与范例；

开放的共享服务，支持异构系统无缝集成；

优化的多级智能缓存技术；

强大的分布式层次集群技术；

多源数据集成和海量数据访问。

6.2 ArcGIS Server 开发指南

ArcGIS Server 是用户创建企业级 GIS 应用的平台，通过 ArcGIS Server 创建集中管理的、支持多用户的、提供丰富的 GIS 功能，并且满足工业标准的 GIS 应用。ArcGIS Server 提供广泛的基于 Web 的 GIS 服务，以支持在分布式环境下实现地理数据管理、制图、地理处理、空间分析、编辑和其他的 GIS 功能。

6.2.1 ArcGIS Server 概述

ArcGIS Server 是一个基于 Web 的企业级 GIS 解决方案，从 9.0 版本开始 ESRI 产品家族才有 ArcGIS Server。ArcGIS Server 是一套用于开发基于网络的企业型服务器端程序的组件集，服务器端包括 Web Service、Web 应用程序和 EJB 等，它为创建和管理基于服务器的 GIS 应用提供一个高效的平台。它充分利用了产品的核心组件库 ArcObjects（简称 AO），并基于工业标准提供 GIS 服务。ArcGIS Server 将两项功能强大的技术——地理信息系统（GIS）和网络技术（Web）结合在一起，GIS 擅长于空间相关的查询、定位、分析和处理，网络技术则提供全球互连，促进信息共享。这两项技术协同合作，构成了 ArcGIS Server 的主旋律。

ArcGIS Server 是一个用于构建集中管理、支持多用户的企业级 GIS 应用的平台软件。ArcGIS Server 产品包括两个部分：一个是 GIS Server，它是 GIS 提供服务的服务器端软件产品，包括一系列核心 AO 库和运行这些 AO 组件的环境；另外一个是 ADF（Application Developer Framework），即应用程序开发框架，它有 Java 和 .NET 两种组件包，是用来开发和部署基于 GIS Server 的 Web 应用程序的产品，包括组件对象以及与互联网 GIS 相关的 Web 控件、通用的 Web 的模板和开发帮助，它还有一个 WEB 应用程序的 Runtime，专门用于发布和部署使用 ADF 开发的程序，如 ASP. NET 等。

GIS Server 是一套 GIS 服务器组件，专门用来管理和发布地图服务，安装在 GIS 服务器上。ADF 是供开发人员使用的开发组件集（开发包），安装在开发人员的机器上。Web 应用程序、Web 服务和桌面端程序，都可以使用 ADF。ADF Runtime 是专门用于部署开发人员的 GIS Web 程序和 GIS Web Service 的运行环境，安装在服务器上。服务器和开发人员的计算机可以是同一台机器，也可以是不同的机器。

ArcGIS Server 作为服务器端的软件，与传统的桌面端 GIS 软件和基于 B/S 的互联网 GIS 软件有许多不同。与以往的互联网 GIS 产品相比，它不仅具备发布地图服务的功能，而且还具有在线编辑和强大的分析能力，这对于互联网 GIS 的发展是非常有意义的。ArcGIS Server 又是基于 Web 的，它不仅可以为局域网用户提供 GIS 服务，还可以为广大的互联网用户提供 GIS 服务，功能与桌面软件基本相当。

ArcGIS Server 为开发者带来了许多可喜的变化，与过去的互联网 GIS 产品相比，它不仅具备发布地图服务的功能，而且还有灵活的编辑和强大的分析能力，这对于互联网 GIS 发展来说是具有里程碑的意义。由于 ArcGIS Server 基于强大的核心组件 ArcObjects 搭建，并且以主流的网络技术作为其通信手段，所以它具有许多令人欣慰的优势和特点，列举如下：

（1）集中式管理带来的成本降低

无论是从数据的维护和管理上还是从系统升级上来说，都只需要在服务器端进行集中的处理，而无须在每一个终端用户上做大量的维护工作。这不但极大的节约了投入的时间成本和人力资源，而且有利于提高数据的一致性。

（2）瘦客户端也可以享受到高级的 GIS 服务

过去只能在庞大的桌面软件上才能实现的高级 GIS 功能的时代终止于 ArcGIS Server。通过 ArcGIS Server 搭建的企业 GIS 服务使得客户端通过网络浏览器（IE，Netscapes）即可实现高级的 GIS 功能。

（3）使互联网 GIS 具备了灵活的数据编辑和高级的 GIS 分析能力

用户在野外作业可以通过移动设备直接对服务器端的数据库进行维护和更新，大大减少了回到室内后的重复工作量，为野外调绘和勘察提供了极大的便利。另外，ArcGIS Server 可以实现网络分析和 3D 分析等高级的空间分析功能。

（4）支持大量的并发访问，具有负载均衡能力

ArcGIS Server 采用分布组件技术，可以将大量的并发访问均匀地分配到多个服务器上，可以大幅度的降低响应的时间，并提高并发访问量。

（5）可以根据工业标准很好地与其他的企业系统整合，进行协同工作，为企业经营管理提供支持

GIS 和客户关系管理系统（CRM）整合，发挥 GIS 的独特优势，可以打破地域的限制，更好地进行客户资源的开发，提供客户满意的产品和服务。ArcGIS Server 的出现使得开发者可以利用主流的网络技术（例如 .Net 和 Java）来定制适合自身需要的网络 GIS 解决方案，具有更大的可伸缩性，满足多样化的企业需求。

6.2.2 ArcGIS Server 使用

ArcGIS Server 是一个分布式系统，由分布在多台机器上的各个角色协同工作。ArcGIS Server 搭建的互联网 GIS 解决方案支持多种类型的客户端，包括 ArcGIS

Desktop、ArcGIS Engine Application、Web Browser。下面简要介绍一下利用 ArcGIS Server 搭建的互联网 GIS 的各个组成部分，如图 6-1 所示。

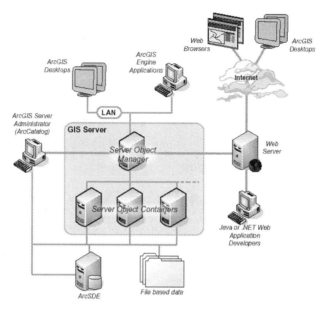

图 6-1　ArcGIS Server 组成结构

GIS Server：运行 SOC 和 SOM 的机器。SOM 即为 Server Object Manage，Server Object 管理器，负责管理调度 Server Object，而具体 Server Object 的运行是在 ArcSOC. EXE 进程中。SOC 即为 Server Object Container（容器）。SOM 和 SOC 可以运行在同一台机器上，也可以是 SOM 独占一台机器，管理一个或多个运行 SOC 的机器。采用分布式部署，可以大幅度提高 GIS Server 的整体性能，扩展能力更强。

Web Server：运行 Web 应用程序或 Web Server 的机器，此处的互联网 Web 实现 GIS 功能，然后把结果返回给客户端应用程序或 Web Server 通过访问 GIS Server 并调用 GIS server 的对象来实现 GIS 功能，然后把结果返回给客户端。

Web Browsers：诸如 IE、Firefox 等 Web 浏览器软件。

桌面应用程序：可以是 ArcGIS Desktop 和 ArcGIS Engine 应用。通过 Http 协议访问在 Web Server 上发布的 ArcGIS 网络服务，或者通过 Lan/Wan 直接连接到 GIS Server，一般通过 ArcCatalog 或 Manager 页面应用程序来管理 ArcGIS Server。

ArcGIS Server 具有以下主要功能：

在浏览器中分图层显示多个图层；

在浏览器中漫游地图；

在地图上点击要素查询信息；

在地图上查找要素；

显示文本标注；

绘制航片和卫片影像；

使用缓冲区选择要素；

使用 SQL 语句查询要素；

使用多种渲染方式渲染；

通过 Internet 编辑空间要素的坐标位置信息和属性信息；

动态加载图层；

显示实时的空间数据；

网络分析。

ArcGIS Server 适合创建从简单的地图应用到复杂的企业 GIS 应用等的系统工程。ArcGIS Server 也对于多个扩展模块可以完成一些额外的高级功能，这里 Server 也对于多个扩展模块可以完成一些额外的高级功能。

6.2.3 ArcGIS Server 安装与部署

①点击安装程序包中的 ESRI.exe，进入安装界面（图 6-2）：

图 6-2　ArcGIS Server 安装包

②点击 ArcGIS for Server，安装（图 6-3）：

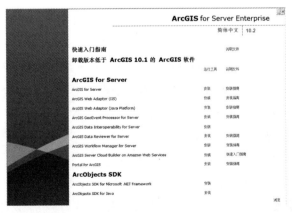

图 6-3　ArcGIS Server 安装主界面

③点击下一步（图 6-4）：

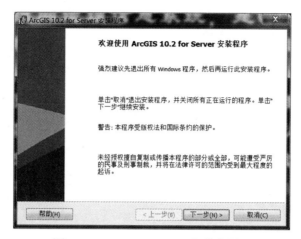

图 6-4　ArcGIS Server 安装向导 1

④勾选我接受许可协议，点击下一步（图 6-5、6-6）：

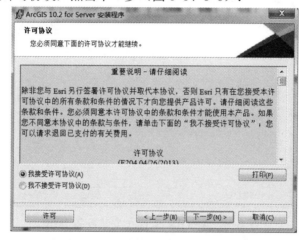

图 6-5　ArcGIS Server 安装向导 2

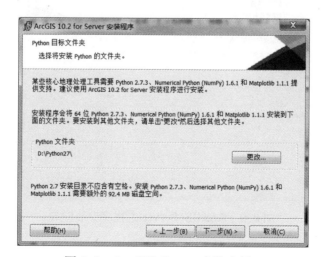

图 6-6　ArcGIS Server 安装向导 3

⑤自己设置账户名和密码（图6-7～6-9）：

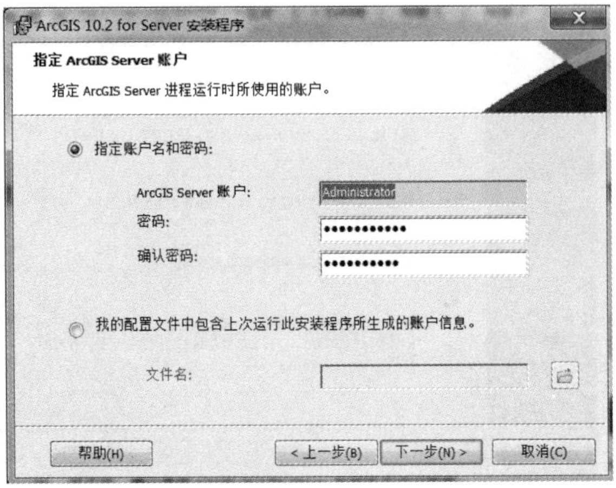

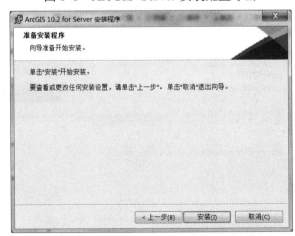

图 6-7　ArcGIS Server 账户设置

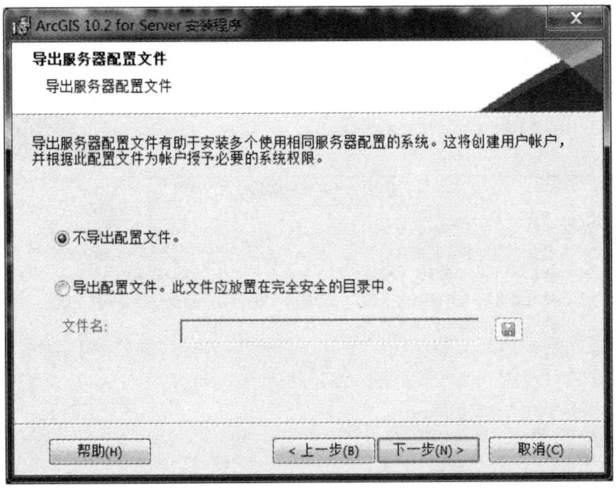

图 6-8　ArcGIS Server 安装配置导出

图 6-9　ArcGIS Server 主程序安装向导

⑥开始安装 ArcGIS　Server 主程序（图 6-10，图 6-11）：

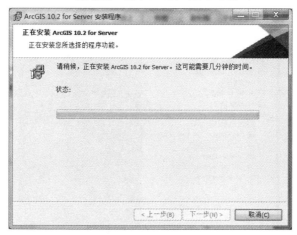

图 6-10　开始安装 ArcGIS　Server 主程序

图 6-11　完成 ArcGIS　Server 安装

⑦点击完成后，会跳出到许可设置界面（图 6-12）：

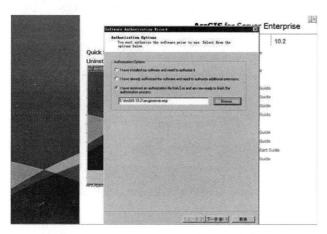

图 6-12　ArcGIS　Server 授权许可安装向导

⑧勾选第三项，浏览中找到已经授权保存的 .ecp 文件，然后安装完成。

⑨设置站点，找到 ArcGIS Sever Manager，点击进入（图 6-13）：

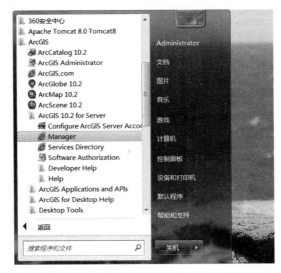

图 6-13 完成 ArcGIS Server 安装

⑩填写之前设置的账户名和密码（图 6-14～图 6-18）：

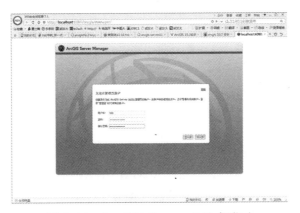

图 6-14 ArcGIS Server 主站点登录

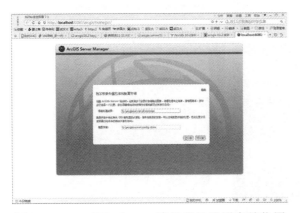

图 6-15 ArcGIS Server 账号登录设置存储位置

图 6-16　ArcGIS Server 账号登录设置完成

图 6-17　ArcGIS Server 账号登录

图 6-18　ArcGIS Server 账号登录成功

6.2.4　ArcGIS Server 的开发示例

要制作 ArcGIS Server 的服务，首先必须准备空间数据，下面说明如何获取空间数据，以及如何制作发布服务所需要的地图文档（安装步骤及使用截图顺序对应步骤，没有编号）。

（1）在 ArcGIS Server Manager 中发布

启动 ArcGIS Server Manager 登录界面（图 6-19）：

图 6-19　ArcGIS Manager 登录界面

进入到这个页面后即可点击地图发布（图 6-20）：

图 6-20　ArcGIS Manager 成功登录后的主界面

把地图文档制作成 .sd 的文件。打开 ArcMap，把要制作的文档加入 ArcMap 中然后点 File/Share As/Server，然后点击下一步，直到出现页面（图 6-21）：

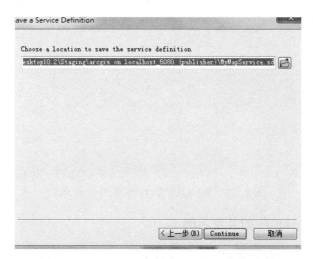

图 6-21　ArcMap 中保存 Service 定义文件

点击 Continue，出现下面的页面，然后点击 Stage（图 6-22）：

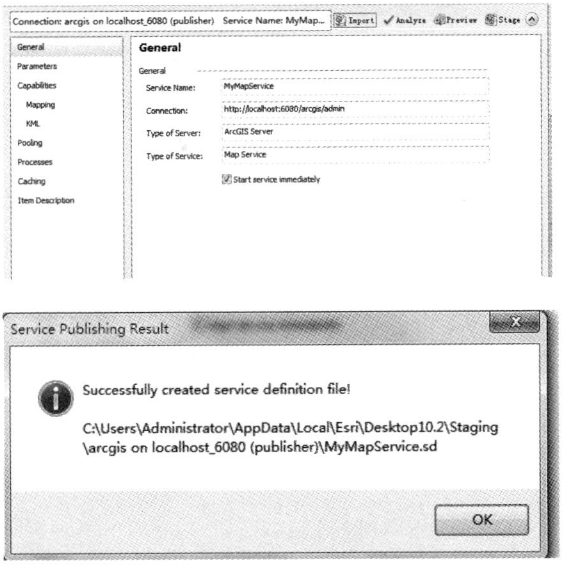

图 6-22　ArcMap 中创建 Service 定义文件

进入到这个页面，点击下一步，然后开始发布（图 6-23～图 6-25）。

图 6-23　Manager 页面中发布 Service 定义文件

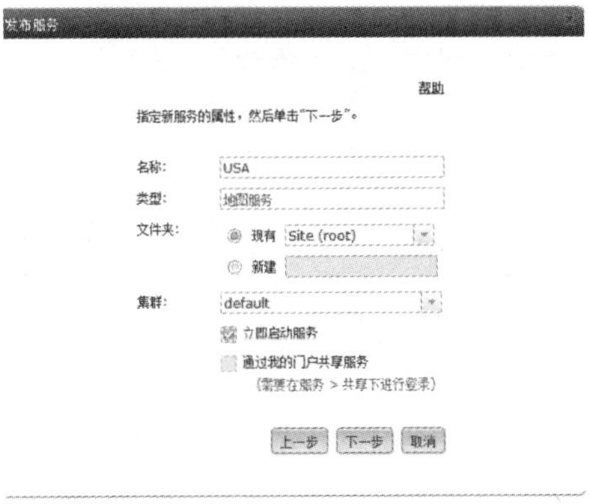

图 6-24　Manager 页面中发布 Service 创建名称

图 6-25　Manager 页面中选择发布 Service 类型

发布成功，打开发布图层，即可在网页进行访问和调用。

图 6-26　Manager 页面中浏览已发布 Service

（2）在 Catalog 中发布地图

在 ArcMap 中加载 shp 文件（图 6-27）：

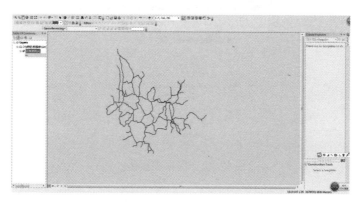

图 6-27　ArcMap 中加载 shp 数据

然后编辑保存为 mxd 文件（图 6-28）：

图 6-28 ArcMap 中保存 mxd 文件

打开 ArcCatalog，加载刚刚保存的数据（图 6-29）：

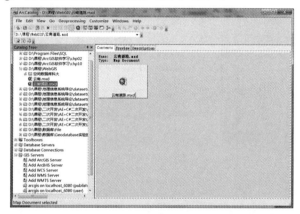

图 6-29 ArcCatalog 中加载 mxd 数据

在 Catalog 目录树展开 GIS Severs，点击 Add ArcGIS Severs（图 6-30）：

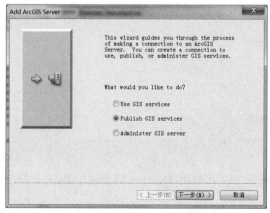

图 6-30 ArcCatalog 中添加 ArcGIS Server 节点

选中 Publish GIS sevices，下一步（图 6-31）：

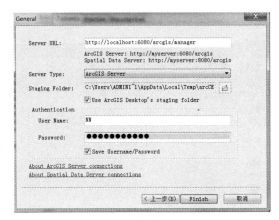

图 6-31　ArcGIS Desktop 目录树中登录 ArcGIS Server 界面

输入 ArcGIS Sever Manager 网址，账户名和密码，完成登录。

右击目录树中选中的 mxd 数据，选中 Share As Sevice（图 6-32）：

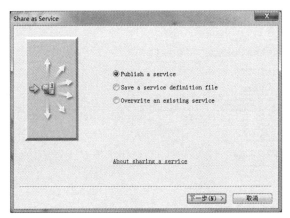

图 6-32　发布地图服务中共享 Service 向导

点击 Publish a service，即可成功发布地图（图 6-33、图 6-34）：

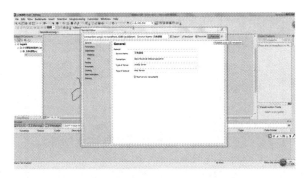

图 6-33　ArcGIS Desktop 目录树中 Publish 向导

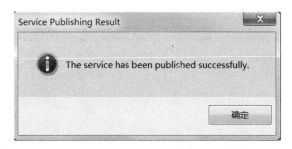

图 6-34　ArcGIS Desktop 目录树中成功发布 Service

进入 ArcGIS Severs Manager，即可浏览刚才发布的地图数据（图 6-35、图 6-36）：

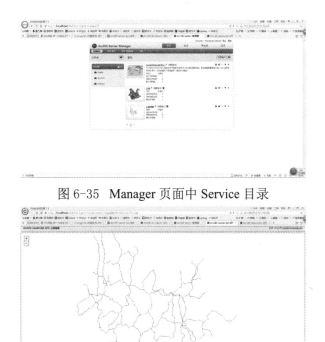

图 6-35　Manager 页面中 Service 目录

图 6-36　Manager 页面中浏览已成功的 Service

6.3　基于天地图 API 的开发

天地图即国家地理信息公共服务平台，是由国家测绘地理信息局主持建设的中国区域内数据资源最全的地理信息服务网站。它包含了地图浏览、省市直通、专题服务和用户指南四大部分，每个部分对应的是地理信息公共服务平台的最基本功能。建设天地图的目的在于促进地理信息资源的高度共享和高效利用，提高中国测绘地理信息公共服务能力和水平，改进测绘地理信息成果的服务方式，更好地满足国家信息化建设的需要，为社会公众的工作和生活提供方便（图 6-37）。

图 6-37 城市天地图查询界面

6.3.1 天地图中相关测绘地信技术

天地图的数据资源主要由测绘工程专业人员进行实地获取采集与处理，具体技术包括大地测量学、普通测量学、摄影测量学、工程测量学和地图制图学等分支学科。具体介绍如下：

大地测量学是测绘的基础学科，主要工作是为大规模测制地形图提供地面的水平位置控制网和高程控制网，它的基本任务是建立地面控制网、重力网，精确确定控制点的三维位置，为地形图提供控制基础。

普通测量学是研究地球表面局部区域内控制测量和地形图测绘的理论和方法。控制测量可为测绘各种大比例尺地形图建立一定精度的平面控制网和高程控制网。平面控制网的建立可以用三角测量、导线测量、三边测量和边角测量的方法，还可在现有网里用测角交会和测边交会来加密控制点；而高程控制网的建立可用水准测量和三角高程测量的方法。地形图测绘技术则是将地球表面的地物和地貌，按照一定比例尺测绘成图的工作，在控制测量的基础上进行碎部测量，然后绘制成图。

摄影测量学主要利用摄影手段获取被测物体的图像信息，从几何和物理两方面进行分析处理，为所摄对象的本质提供各种相关资料。

工程测量学主要研究地球空间（地面、地下、水下、空中）中具体几何实体的测量描绘和抽象几何实体的测设实现的理论方法和技术应用，工程测量学技术主要应用于天地图的三维模拟城市建立过程中。

地图制图学是测绘学的另一个分支，主要研究地图及其编制和应用，用地图图形来反映自然界和人类社会的空间分布、相互联系及其动态变化，天地图的绘制就离不开地图制图学。

6.3.2 天地图的数据来源

天地图服务社会的基本要求是要有丰富可靠的数据，天地图的数据类型包括电子地图、遥感影像图、地名地址库和地形渲染图四大部分和一些综合信息，并且数据的更新速度也不断加快，这样才能满足使用者的需求。详细的数据类别见表 6-1～表 6-4。

表 6-1　电子地图数据详情表

数据名称	比例尺	覆盖范围
矢量数据	1:100 万	全球
矢量数据	1:25 万～1:100 万	全国
导航电子地图数据	—	全国

表 6-2　遥感影像数据详情表

数据名称	分辨率	覆盖范围
影像数据	250m	全球
影像数据	15～30m	全国
影像数据	2.5m	全国
影像数据	0.5m	国外局部

表 6-3　地名地址数据详情表

数据名称	数据内容
全球地名数据	国家、省级行政区划
全国地名数据	省级行政区、地市、县、乡镇、行政村、自然村等
全国兴趣点（POI）数据	餐饮、学校、宾馆、银行、医院、加油站、车站等

表 6-4　地形渲染数据详情

覆盖范围	显示级别
全球	1～10 级
全国	1～14 级

6.3.3　天地图的系统结构与运营体系

天地图的主体结构是以国家级节点（主节点）、省级节点、市级节点为骨架，在以上三级节点的基础上针对国家和城市的详细信息进行细化填充，旨在建设一个系统化、详细化、特色化的公共数字化网络平台。

三级节点的具体分工：

国家级节点（主节点）是天地图的一级骨架，负责平台的总体调控，国防安全控制，整体资源的划分、管理和服务几方面；

省级节点是以主节点为基础的第二级主节点，它的主要任务是协调并服务于省级与省级之间、区域之间、部门之间的交流与合作；

市级节点是天地图建设的关键部分，它负责区域内的数据采集、更新、维护和应用工作，提供现势性的高精度数据。

6.3.4　天地图的服务模式

天地图的服务模式包括门户网站、API 服务接口、手机地图三种。

门户网站是基于互联网的一种服务模式，用户可通过任意浏览器连接互联网、国家电子政务外网，或打开天地图网页进行浏览和查阅，门户网站浏览天地图的加载速度取决于计算机性能、网络速度、服务器数量。

API 服务接口是以 JavaScript 语言为基础编写的程序接口，主要服务于对天地图进行特色性、针对性的二次开发，对开发环境没有特别要求，用户可以在接入 API 服务接口的同时利用开发工具进行开发。

手机地图是一种非常常见而且应用广泛的服务模式，它以手机为媒介，通过移动数据或无线局域网访问天地图网页或手机软件。天地图的这种服务模式和百度地图、谷歌地图类似，主要服务于大众的日常生活，为人们的出行、旅游等提供帮助。

6.3.5 天地图的服务功能

天地图的服务功能十分强大，它的系统是基于云计算技术而自主研发的，能够提供最基本的生活服务，具体服务内容见表 6-5～表 6-9。

表 6-5　天地图的地图显示功能

显示内容	说　明
影像	各种分辨率的遥感影像
地图	交通、居民地、农田、沙漠等
图层	不同语言地名、道路、房屋、水系等不同图层的叠加或单一选取
地形	地形晕渲

天地图的地图显示功能可以显示包括影像、地图、图层、地形几种内容，可以根据用户的使用目的和要求选择不同的形式，如用户需进行某一区域的地物类别分析可以调用遥感影像图进行遥感解译等过程。

表 6-6　天地图的地图工具功能

内容	说　明
测距	图上任意两点或多点之间的距离量测
测面	图上任意截取多边形面积的量测
点的标绘	对兴趣点进行标注和描绘
线的标绘	对感兴趣的线状地物进行标注与描绘
面的标绘	对感兴趣的面状区域进行标注与描绘
导航骨棒	浏览地图的工具，包括地图的放大、缩小、平移等操作
右键功能	设置起点与终点，还可以将地图放大、缩小等
清空	删除所有浏览痕迹、标注、测量信息等
打印	将兴趣地图打印

地图工具功能允许用户利用地图进行点间距离、区域面积、兴趣对象标注等基本地图操作，方便用户的浏览、查阅、搜索和初步的数据获取。

表 6-7　天地图的地图浏览功能

浏览内容	说　明
区域列表切换	将视图中心移动到指定位置，并进行缩放；兼顾搜索区域的选择
当前中心点区域显示	当前视图中心点的行政区
地图切换	显示方式的切换，包括地图、影像、维度、地形的转换
放大、缩小、漫游	对地图的放大、缩小、平移操作
搜索行政区域切换	输入国家、省、市等目标区域进行视图的转换
全屏	全屏显示

地图浏览功能是对地图工具的细化，重点针对地图的浏览和查阅功能进行细致的服务，除了基本的放大、缩小、平移等基本工具外，还可提供地图、影像、维度、地形之间自由切换的特色服务。

表 6-8　天地图的搜索功能

内容	说　明
一般搜索	在搜索框输入关键字，在指定行政区域查找
视野内搜索	在当前视图范围内搜索，在搜索结果内选择某一名称，即可视图切换
周边搜索	对某点进行周边搜索
分类查找	按照分类列表中的分类词查找某一类地名
输入查询词建议	可减少用户输入，如果提供的建议中有用户目标词，则直达目的
模糊搜索	根据不完整关键词，系统提供相关结果
搜索意图提示词	根据关键字，系统提供提示词

根据使用者对目标点的了解不同，天地图的搜索功能针对几种常见的搜索问题给予了细致入微的查询方法，如在为掌握完整关键词的情况下，使用者可以运用模糊搜索功能，获得相关结果以供选择，也能快捷达到目的。

表 6-9　天地图的路线查询功能

功能	内容	说　明
驾驶路线规划	计算条件	最快路线；最短路线；不走高速；红绿灯个数
	途经点	用户可根据自身要求设置途经点
	路线检索结果	路线预览；里程多少；预估时间；路线描述
公交路线查询	计算条件	快捷；少乘地铁；换乘较少；步行较少
	路线检索结果	路线预览；换乘次数和换乘方案；总里程；步行步数；路线描述

目前人们出行一般有自驾出行和公共出行两种方式。天地图的路线查询功能据此提供驾驶路线和公交路线查询功能，参照人们出行考虑的因素，如时间、换乘、路程、步行距离等，为人们出行提供最优计划。

6.3.6　天地图建设的作用

由于中国的国际地位和国际影响力在不断地提高，因此中国的一举一动都是全世界关注的焦点，尤其是天地图建设这样有战略性、科技性的举措。自天地图国家地理信息公共服务平台建成以来，吸引了来自社会各界的访问者，单日访问量峰值超过 665 万，天地图代表的不仅仅是天地图建设团队的技术水平，代表的更是中国实力的不断增强。

天地图的建设成功对于提高民族自尊心、自信心都有很大作用。天地图在为公众提供地理信息服务的同时，也改善了公众长期依赖国外地理信息网站的现状。天地图代表了中国品牌，是中国人民创造力的结晶，正是以这种独特的方式，宣示了中国领土不容侵犯、自尊心不容践踏、自信心不断增强。

测绘工作者一直都是走在工程建设的前方，是一个不为人知或被人忽视的职业，天地图整合了来自全国的测绘资源，聚合了国家、省、市的基础测绘信息以及企业部门的专题信息，带动了全国地理信息服务与应用，让测绘工作者的成果被大众熟悉与认可。

天地图的建设和不断完善推进了中国数字城市进程。数字城市是国家的一项发展策略，而天地图就是在这一发展策略下进行的首次尝试，在天地图的建设中有值得借鉴的经验也有需要注意的教训，不管是经验还是教训都将反馈到数字城市建设中，然后再对天地图进行改进与完善，这是一个良性的循环，最后的结果都是数字城市的不断进步并更好地服务于国家建设和大众的日常生活。

天地图的建设也极大地方便了人们的生活。在这方面，天地图类似于其他的地图信息网站或软件，用户可通过天地图查阅城市信息、街道信息、餐饮、宾馆、车站、出行路线等日常服务。目前天地图仍有很多地方需要改进，但随着技术的成熟和不断地完善，天地图会在日后为大众带来更好的服务。

6.3.7 天地图建设的成功范例

天地图的特色是可开发性，政府职能部门、企业单位或者个人可根据自己的兴趣或需求在经过授权的前提下对天地图进行二次开发，目前成功的开发范例包括综合类、生活服务类、应急类、政法类、城市管理类、安全生产类、旅游类、国土资源类、交通运输类、水利类、测绘类、教育类、文化类、民政类、统计类、工商类、农林牧渔类、环境保护类、城乡建设类、卫生计生类等其他类应用。下面介绍几个典型范例。

（1）山东省移动位置服务平台

山东省移动位置服务平台的建设依托于山东省地理信息公共服务平台天地图的专业数据资源，基于政务外网和互联网，实现了主流 GPS 终端定位设备的兼容性接入；基于 GPS、GIS 和 GPRS 无线通信技术开发了车辆监控和人员监控等功能，实现了跟踪定位、轨迹回放和路程统计，该平台能够提供统一、权威、精准的位置服务，降低了移动定位服务专业系统投资门槛。但在这种情况下对于被监控者的隐私造成了一定程度的侵犯，因此一定要做好相关保密工作（图 6-38）。

图 6-38　山东省移动位置服务平台

（2）河北省机构编制地理信息系统

河北省机构编制地理信息系统中汇入的信息包括各级政府机关企事业单位的位置、单位名称、政府职能、联系方式、网址等信息。该系统是以天地图·河北省级节点地理空间框架为基础开发的机构编制管理专题应用，实现了河北省机构信息网络化与数字化，更为百姓办事等提供了方便，使官民交流快捷顺畅（图 6-39）。

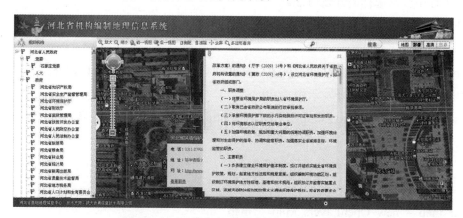

图 6-39　河北省机构编制地理信息系统

（3）天地图智能公交系统

天地图智能公交系统分为公交线路查询和实时公交查询两个服务模块。公交线路查询会提供直达查询、站内换乘和步行换乘三种查询模式。实时公交查询则会提供该次公交车所在的位置、路线、进出站时间等信息，每隔 3 秒自动刷新，已经达到了实时的效果。

图 6-40   天地图智能公交系统

6.4 基于 OpenLayers API 的开发

互联网 GIS 系统平台的 OpenLayers 的 API 开发是一种轻量级、方便快捷的互联网 GIS 实现方式，其主要的 API 类库包括常见的地图加载、浏览、查询、分析等设计与实现，是实际工程中较常选择的开发方法。

```
〈html〉
〈head〉
〈meta http-equiv=＂Content-Type＂ content=＂text/html；charset=utf-8＂ /〉
〈title〉公共平台二次开发示例〈/title〉
〈script type=＂text/javascript＂ src=＂ http：//10.12.105.180/MapApi/openlayers.js＂〉〈/script〉
    〈script type=＂text/javascript＂〉
    function init(){
var map = new OpenLayers. Map(＇map＇)；
    var layer = new OpenLayers. Layer. WMS(＂WMS Example＂, http：//10.12.105.180：8090/geoserver/wms＂, {layers：＇taizhoulayer＇});
map. addLayer(layer)；
var point = new OpenLayers. LonLat(120.0, 32.5)；
map. setCenter(point, 9)；
}
〈/script〉
〈/head〉
```

```
<body onload=" init () " >
<div id=" map" ></div>
</body>
</html>
```

　　将以上代码复制到一个新建的 demo. html 文件中，双击此文件打开网页，就可以看
到地图示例。此时，用户可以利用鼠标实现地图缩放以及漫游的功能。按住鼠标左键拖
动地图可以实现地图的漫游；滚动鼠标滚轮，可以实现地图的缩放；按下 shift 键的同时
在地图上按住鼠标左键拉框可以实现地图的放大。

6.4.1　引用类库

　　要使用公共平台二次开发接口，需要首先在 HTML 中添加 SmartMap 二次开发类库
的引用。上述例子中的地址 http://10. 12. 105. 180/MapApi/openlayers. js 是在地图页面
使用公共平台二次开发类库所需的 JavaScript 文件。任何使用公共平台二次开发类库搭
建的地图页面必须在 HTML 的 head 标签下加入以下引用 script 文件标记代码：
　　<script type=" text/javascript"　src=" http://10. 12. 105. 180/MapApi/openlayers.
js" ></script>

6.4.2　初始化地图

　　要使用公共平台共享的数据服务，首先需要登录注册中心，查看你所在用户组的数
据访问权限，记录下可访问的数据服务的 URL。
　　如果要在页面加载时就显示地图，需要在 body 标签的 onload 函数中初始化地图。
地图初始化的代码可以在 init () 函数中实现，并在 body 标签的 onload 事件中调用即可。
init () 的代码具体解释如下：

```
function init () {
var map = new OpenLayers. Map ('map');        // 创建地图实例
var layer = new OpenLayers. Layer. WMS (       // 创建图层
        "WMS Example",
      "http://10. 12. 105. 180:8090/smartserver/wms", {layers: 'taizhoulayer'}
      );
    map. addLayer (layer);                          // 添加图层
var point = new OpenLayers. LonLat (120. 0,  32. 5);    // 创建点坐标
map. setCenter (point,  9);                      // 初始化地图，设置中心点坐标和地图
级别
    }
```

6.4.3 添加图层

公共平台目前支持 WMS、WFS、Vector、Marker 以及缓存地图 WMS-C、TileCache、TMS 等图层的创建和管理。上例中地图对象管理的图层为公共平台发布的 WMS 服务，客户端向服务器端发送 WMS 的 getMap 请求，并在客户端动态生成地图切片。如果公共平台发布的地图服务已经借助其他工具建立了切片缓存，用户可以使用公共平台的 Cache 图层接口，以提高地图显示的效率。Cache 图层的调用方法如下：

```
// 创建地图实例，并设置最大分辨率
var map = new OpenLayers. Map('map', {'maxResolution': 360/512});
    // 创建地图图层
    var layer = new OpenLayers. Layer. TileCache（
    "TileCache Example"，
    "http://10.12.105.180/tilecache/cache"， 'taizhoulayer'， {format: 'image/
png'}）;
    // 添加图层
    map. addLayer(layer);
```

6.4.4 地图操作

地图在初始化的时候已经包含了与地图相关的一系列操作功能，如地图放大、缩小、漫游等。用户还可以通过地图对象的 addControl 方法为地图添加更多的功能。下面的代码为地图增加了缩放条控件、比例尺线控件、当前坐标控件和鹰眼控件：

```
    // 添加缩放条控件
map. addControl(new OpenLayers. Control. PanZoomBar());
// 添加比例尺线控件
map. addControl(new OpenLayers. Control. ScaleLine());
// 添加当前坐标控件
map. addControl(new OpenLayers. Control. MousePosition());
// 添加鹰眼控件
map. addControl(new OpenLayers. Control. OverviewMap());
```

6.4.5 地图量测

公共平台提供了针对地图量测的二次开发接口，开发人员只需要为网页上地图量测按钮添加以下功能函数，即可实现量测地图上指定折线段的长度或多边形的面积。代码如下：

```
    // 距离量测
    function lineMeasureButton(){
    var selectControl = new OpenLayers. Control. Measure（
```

```
OpenLayers. Handler. Path, {
persist: true,
handlerOptions: {
layerOptions: {styleMap: styleMap}}});
map. addControl(selectControl);
}

// 面积量测
function areaMeasureButton() {
selectControl = new OpenLayers. Control. Measure(
OpenLayers. Handler. Polygon, {
persist: true,
handlerOptions: {
layerOptions: {styleMap: styleMap}}});
map. addControl(selectControl);
}
```

6.4.6　地图查询

公共平台提供了基于 WFS 的 getFeature 请求的地图查询二次开发接口。公共平台提供的地图查询功能服务封装为标准的 WebService，通过 WSDL 进行描述，并遵照 SOAP 协议规范。开发人员只需在网站中添加对应网络服务，即可使用平台的查询功能。以缓冲区查询为例：

在网站中添加 web 引用，在 URL 部分可以直接输入远程 Web Service 的 URL：

http://10. 12. 105. 180/BufferAnalysisService/Service. asmx。

可以通过 http://10. 12. 105. 180/BufferAnalysisService/Service. asmx?WSDL 查看服务描述如下：

Methods:BufferAnalysis (typeName As string , x As double , y As double , radius As double) As string

6.4.7　地图标注

为满足用户添加自定义标注的需求，公共平台提供了对标注图层的支持以及地图标注功能的二次开发接口。开发人员首先在地图对象中创建标注图层，然后在图层上添加标注。代码如下：

```
// 创建标注图层
var markerLayer = new OpenLayers. Layer. Markers("标注图层");
// 添加标注图层
map. addLayer(markerLayer);
```

```
// 创建标注
var marker = new OpenLayers. Marker(new OpenLayers. LonLat(x, y), icon);
// 添加标注
markerLayer. addMarker(marker);
```

6.4.8 主要 API 接口说明

公共平台地图 API 统一使用 OpenLayers. * 作为命名空间，比如需要使用 Map 类时，在代码中需要添加命名空间，即 OpenLayers. Map，以下开发参考文档中省略命名空间。

（1）核心类——Map 类

构造函数：

构造函数	描　述
Map(container: String|HTMLElement [, options: Object])	在指定的容器内创建地图实例

属性接口：

属　　性	类　型	描　述
div	String|HTMLElement	存放地图实例的元素
layers	Array(layer)	地图中的图层列表
units	String	地图单位
resolutions	Array(Float)	地图分辨率
maxResolution	Float	地图最大分辨率
minResolution	Float	地图最小分辨率
maxScale	Float	地图最大比例尺
minScale	Float	地图最小比例尺
maxExtent	Bounds	地图最大范围
minExtent	Bounds	地图最小范围
restrictedExtent	Bounds	地图约束范围

方法接口：

方　法	返回值	描　述
render(container:String|HTMLElement)	None	渲染地图到指定容器
destroy()	None	销毁地图
addLayers(layers: Array(layer))	None	为地图添加图层
removeLayer(layer: layer)	None	移除图层
getNumLayers()	Int	获取图层数
raiseLayer(layer: layer, i:Int)	None	上移图层
setBaseLayer(layer: layer)	None	指定基础图层
addControl(control: control [, px: Pixel])	None	添加地图控件
removeControl(control: control)	None	移除地图控件
addPopup(popup: popup)	None	添加弹出气泡
removePopup(popup: popup)	None	移除弹出气泡
getCenter()	lonlat	获取地图中心坐标

方　法	返回值	描　述
setCenter(lonlat: lonlat, zoom: Int)	None	设置地图中心
zoomToExtent(bounds: Bounds)	None	放大地图到指定范围
zoomToMaxExtent()	None	放大地图到最大范围

（2）基础类——Bounds 类

构造函数：

构造函数	描　述
Bounds(left: Number, bottom: Number, right: Number, top: Number)	创建地理坐标的矩形区域

属性接口：

属　性	类　型	描　述
Left	Number	矩形左下角的 x 坐标
Bottom	Number	矩形左下角的 y 坐标
Right	Number	矩形右上角的 x 坐标
Top	Number	矩形右上角的 y 坐标

方法接口：

方　法	返回值	描　述
toBBOX()	String	返回矩形坐标字符串
getWidth()	Float	返回矩形宽度
getHeight()	Float	返回矩形高度
getCenterLonLat()	LonLat	返回矩形中心点
extend(point:Point)	None	放大此矩形，使其包含给定的点
intersectsBounds(bounds:Bounds)	Boolean	计算与另一矩形是否有交集
containsBounds(bounds:Bounds)	Boolean	计算是否包含目标矩形

（3）基础类——Size 类

构造函数：

构造函数	描　述
Size(w: Number, h: Number)	一个矩形区域的大小

属性接口：

属　性	类　型	描　述
W	Number	矩形宽度
H	Number	矩形高度

方法接口：

方　法	返回值	描　述
equals(size: Size)	Boolean	判断与另一矩形宽和高是否相等
toString()	String	返回类型描述字符串

（4）基础类——LonLat 类

构造函数：

构造函数	描　述
LonLat(lon: Number, lat: Number)	创建一个地理坐标点

属性接口：

属　性	类　型	描　述
lon	Number	地理经度（或地理 x 坐标）
lat	Number	地理纬度（或地理 y 坐标）

方法接口：

方　法	返回值	描　述
equals(lonlat: LonLat)	Boolean	判断与另一地理坐标点是否相等
toShortString()	String	返回类型描述字符串

（5）基础类——Pixel 类

构造函数：

构造函数	描　述
Pixel(x: Number, y: Number)	创建像素点实例，坐标原点为地图区域左上角

属性接口：

属　性	类　型	描　述
x	Number	x 坐标
y	Number	y 坐标

方法接口：

方　法	返回值	描　述
equals(pixel: Pixel)	Boolean	判断与另一像素点是否相等
toString()	String	返回类型描述字符串

（6）控件类——Control. PanZoomBar 类

构造函数：

构造函数	描　述
PanZoomBar()	创建一个平移缩放控件

方法接口：

方　法	返回值	描　述
destroy()	None	销毁控件

（7）控件类——Control. Scale 类

构造函数：

构造函数	描　述
Scale()	创建一个比例尺控件

方法接口：

方　法	返回值	描　述
destroy()	None	销毁控件

（8）控件类——Control. ScaleLine 类

构造函数：

构造函数	描　述
ScaleLine()	创建一个比例尺线控件

方法接口：

方　法	返回值	描　述
destroy()	None	销毁控件

（9）控件类——Control. MousePosition 类

构造函数：

构造函数	描　述
MousePosition()	创建一个鼠标位置坐标控件

属性接口：

属　性	类　型	描　述
prefix	String	前缀
separator	String	分隔符
suffix	String	后缀

方法接口：

方　法	返回值	描　述
destroy()	None	销毁控件

（10）控件类——Control. OverviewMap 类

构造函数：

构造函数	描　述
OverviewMap()	创建一个鹰眼控件

属性接口：

属　性	类　型	描　述
div	String｜HTMLElement	存放控件的元素
size	Size	控件尺寸
layers	Array(Layer)	包含的图层
autoPan	Boolean	是否自动平移
minRatio	Float	地图比鹰眼图的最小比率
maxRatio	Float	地图比鹰眼图的最大比率

方法接口：

方　法	返回值	描　述
destroy()	None	销毁控件

6.5 本章小结

本章介绍了互联网 GIS 应用系统中商业软件、开源软件等常用平台，侧重研究了常用互联网 GIS 平台的分类与技术特点。本章重点探讨了当前主流的 ArcGIS Server 软件平台开发，这是市场占有率比较高的互联网 GIS 研发方式；阐述了基于天地图 API 的开发方法，也是国家测绘地理信息发展与主推的地图与地理信息服务模式；基于 OpenLayers API 的开发技术，在轻量级、GIS 功能需求不复杂的情况下具有开源、免费、简单、易上手等特点。这些均是互联网 GIS 常用开发平台，本章从平台简介、特点、开发方法等方面进行了研究和探索。

第 7 章 开源互联网 GIS 平台与指南

互联网 GIS 被越来越多的人所熟悉,在其背后有许许多多的优秀开源 GIS 项目支撑,这些开源 GIS 项目为 GIS 行业的发展贡献了巨大力量。然而,没有规矩,不成方圆,众多的互联网软件项目没有统一的标准,因此,他们之间不能相互取长补短,反而产生越来越多的问题。

OGC(Open Geospatial Consortium,开放地理信息联盟)是一个非营利的、志愿的标准化组织,引领着地理空间和位置服务标准的发展,是一种基本的、开发互操作方法。通过国际标准化组织(ISO/TC211)或技术联盟(如 OGC)制定空间数据互操作的接口规范,GIS 软件商业开发遵循这一接口规范的空间数据的读 / 写函数,可以实现异构空间数据库的互操作和互联网应用。较主流的开源互联网 GIS 平台包括:GeoServer、MapServer、OpenLayers 等。下面主要以 GeoServer 为例研究。

7.1 开源互联网 GIS 平台 GeoServer 概述

地理信息服务器 GeoServer 是一个基于 Geotools 开源工具包,由 Java 编写的、具有自主知识产权的地理信息系统平台。GeoServer 参照执行 Open Geospatial Consortium(OGC)提出的 Web Feature Service(WFS)标准、Web Coverage Service(WCS)标准和 Web Map Service(WMS)标准,利用 GeoServer 可以方便地发布地图数据,允许用户对特征数据进行更新、删除、插入操作,通过 GeoServer 可以比较容易地在用户之间迅速实现空间地理信息共享。GeoServer 能够发布的数据类型主要包括:地图或影像(使用 WMS 标准),实时数据(使用 WFS 标准),用户更新、删除和编辑的数据(使用 WFS-T)等。GeoServer 主要特性包括:

①兼容 WMS 和 WFS 特性;

②支持 PostGIS 、Shapefile 、ArcSDE 、Oracle 、VPF 、MySQL 、MapInfo 数据格式;

③支持上百种投影;

④能够将网络地图输出为 jpg 、gif 、png 、SVG 、KML 等格式;

⑤能够运行在任何基于 J2EE/Servlet 的容器之上;

⑥嵌入 SmartMap 支持 AJAX 的地图客户端。

GeoServer 服务器按照功能分为服务器模块、服务模块、数据模块、安全模块、示例模块和图层预览模块等六个模块。下面分别介绍每个模块的设计内容。

7.2 服务器模块

本节将具体介绍服务器模块的各个操作过程，服务器模块主要设置 GeoServer 当前服务器的状态、联系信息、全局设置、JAI 设置和 GeoServer 介绍信息。

7.2.1 服务器状态

服务器状态

服务器配置和状态

		Action
锁定	0	解除锁定
链接	0	
内存使用	20 MB	释放内存
JVM（Java虚拟机）版本	Sun Microsystems Inc.: 1.6.0_10-rc2 (Java HotSpot(TM) Client VM)	
Native JAI	false	
原始 JAI输入输出	false	
JAI最大内存	31 MB	
JAI内存使用	0 KB	释放内存
JAI内存阈值	75.0	
JAI切片线程数	7	
JAI切片线程优先	5	
升级序列	0	
资源缓存		清除
配置和目录		重载

图 7-1　GeoServer 服务器配置与状态（一）

SmartServer

时间戳	
SmartServer	Jul 14, 3:07 PM
Configuration	Jul 14, 3:07 PM
XML	Mar 14, 2:15 PM

图 7-2　GeoServer 服务器配置与状态（二）

7.2.2 联系信息

联系信息

设置此服务器的联系信息

联系人

组织

职位

地址类型

地址

城市

省

邮政编码

国家

图 7-3　GeoServer 服务器的联系信息（一）

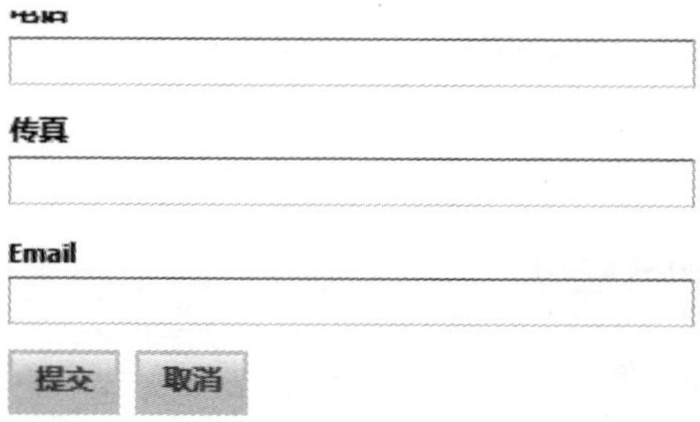

电话

传真

Email

提交　取消

图 7-4　GeoServer 服务器的联系信息（二）

7.2.3 全局设置

图 7-5　GeoServer 的全局设置

7.2.4 JAI 配置

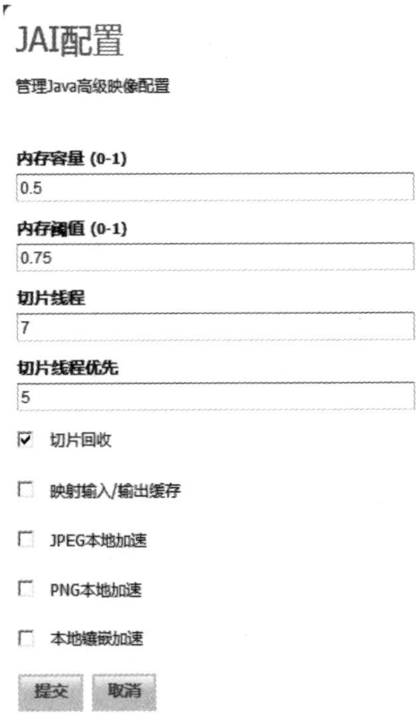

图 7-6　GeoServer 的 JAI 设置

7.3 服务模块

7.3.1 缓存切片

GeoWebCache（GWC）是能够聚合 WMS、WFS、GML 等多种服务并提供缓存再发布的程序。GeoWebCache 服务器拦截来自客户端的请求，判断本次请求的数据是否已经被缓存。如果请求数据已被缓存，则将这些缓存图片直接渲染至客户端；如果请求数据没有被缓存，则发送请求至 WMS Server（提供网络地图服务的服务器），由服务器处理请求数据，并返回给 GeoWebCache 服务器，GeoWebCache 服务器经过渲染及缓存数据图片后绘制到客户端。GeoWebCache 能够有效提高地图展示的速度，实现更好的用户体验。

点击服务模块下的【缓存切片】进入如下界面：

Welcome to GeoWebCache version {GWC_VERSION}, built {GWC_BUILD_DATE}

GeoWebCache is an advanced tile cache for WMS servers.It supports a large variety of protocols and formats, including WMS-C, WMTS, KML, Google Maps and Virtual Earth.

Automatically Generated Demos:

- A list of all the layers and automatic demos

GetCapabilities:

- WMTS 1.0.0 GetCapabilities document
- WMS 1.1.1 GetCapabilities document
- TMS 1.0.0 document
- Note that the latter will only work with clients that are WMS-C capable.
- Omitting tiled=true from the URL will omit the TileSet elements.

图 7-7 GeoWebCache 的缓存切片界面

点击上图 "A list of all the layers..." 链接打开图层列表，如下图所示：

Layer name:	Grids Sets:		
it.geosolutions:PolygonToLine Seed this layer	EPSG:2385_it.geosolu...	OpenLayers: [png, gif, png8, jpeg]	
	EPSG:4326	OpenLayers: [png, gif, png8, jpeg]	KML: [png, gif, png8, jpeg, kml]
	EPSG:900913	OpenLayers: [png, gif, png8, jpeg]	
it.geosolutions:cunjie Seed this layer	EPSG:4326	OpenLayers: [png, gif, png8, jpeg]	KML: [png, gif, png8, jpeg, kml]
	EPSG:900913	OpenLayers: [png, gif, png8, jpeg]	
	EPSG:2385_it.geosolu...	OpenLayers: [png, gif, png8, jpeg]	
it.geosolutions:zhenjie Seed this layer	EPSG:4326	OpenLayers: [png, gif, png8, jpeg]	KML: [png, gif, png8, jpeg, kml]
	EPSG:2385_it.geosolu...	OpenLayers: [png, gif, png8, jpeg]	
	EPSG:900913	OpenLayers: [png, gif, png8, jpeg]	
it.geosolutions:zhibei Seed this layer	EPSG:4326	OpenLayers: [png, gif, png8, jpeg]	KML: [png, gif, png8, jpeg, kml]
	EPSG:2385_it.geosolu...	OpenLayers: [png, gif, png8, jpeg]	
	EPSG:900913	OpenLayers: [png, gif, png8, jpeg]	

These are just quick demos. GeoWebCache also supports:

- WMTS, TMS, Virtual Earth and Google Maps
- Proxying GetFeatureInfo, GetLegend and other WMS requests
- Advanced request and parameter filters
- Output format adjustments, such as compression level
- Adjustable expiration headers and automatic cache expiration
- RESTful interface for seeding and configuration (beta)

图 7-8 GeoWebCache 的图层列表

选择相应图层单击进入缓存切片参数设置，如下图：

Create a new task:

Number of threads to use:	01 ▾
Type of operation:	Seed - generate missing tiles ▾
Grid Set:	EPSG:2385_cite:market ▾
Format:	image/png ▾
Zoom start:	00 ▾
Zoom stop:	12 ▾
Bounding box:	[ ] [ ] [ ] [ ]
	These are optional, approximate values are fine.

Submit

图 7-9　GeoWebCache 的缓存切片参数设置

Number of threads to use 参数选择系统进行缓存切片所分配的进程数，Type of operation 参数设定操作的类型，详细信息见下表：

类　型	含　义
Seed	对更新的数据做切片，没有更新的部分将保持不变
Reseed	删除所有的缓存切片，重新生成新的切片
Truncate	删除所有缓存切片

Grid Set 参数设置缓存切片所使用的坐标系统；Format 参数确定缓存切片的输出格式；Zoom start 与 Zoom stop 参数确定起始缓存和结束缓存的级别范围；Bounding box 参数确定缓存的边界盒大小。设置好对应的参数点击【Submit】，系统将对选择的图层进行缓存切片，效果如下图：

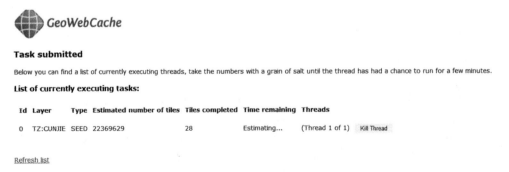

GeoWebCache

Task submitted

Below you can find a list of currently executing threads, take the numbers with a grain of salt until the thread has had a chance to run for a few minutes.

List of currently executing tasks:

Id	Layer	Type	Estimated number of tiles	Tiles completed	Time remaining	Threads	
0	TZ:CUNJIE	SEED	22369629	28	Estimating...	(Thread 1 of 1)	Kill Thread

Refresh list

图 7-10 GeoWebCache 对选择的图层进行缓存切片

7.3.2 网络覆盖服务

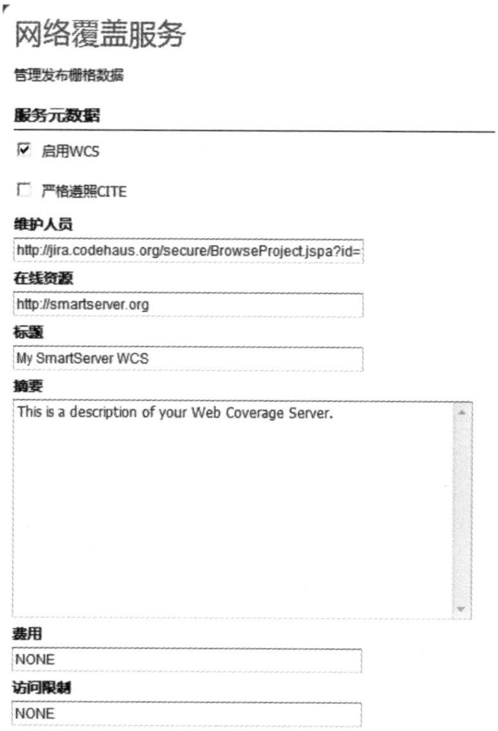

图 7-11　网络覆盖服务 WCS 界面（一）

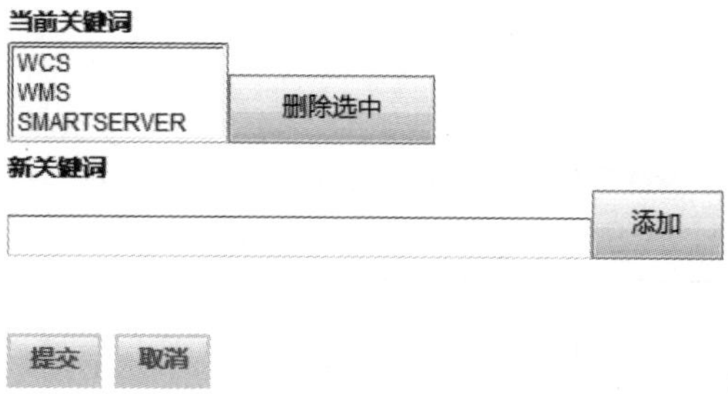

图 7-12　网络覆盖服务 WCS 界面（二）

7.3.3 网络要素服务

网络要素服务

管理发布要素数据

服务元数据

☑ 启用WFS

☐ 严格遵照CITE

维护人员

http://jira.codehaus.org/secure/BrowseProject.jspa?id=

在线资源

http://smartserver.org

标题

My SmartServer WFS

摘要

This is a description of your Web Feature Server.

The SmartServer is a full transactional Web Feature Server, you may wish to limit
SmartServer to a Basic service level to prevent modificaiton of your geographic
data.

费用

NONE

访问限制

NONE

图 7-13　网络要素服务 WFS 界面（一）

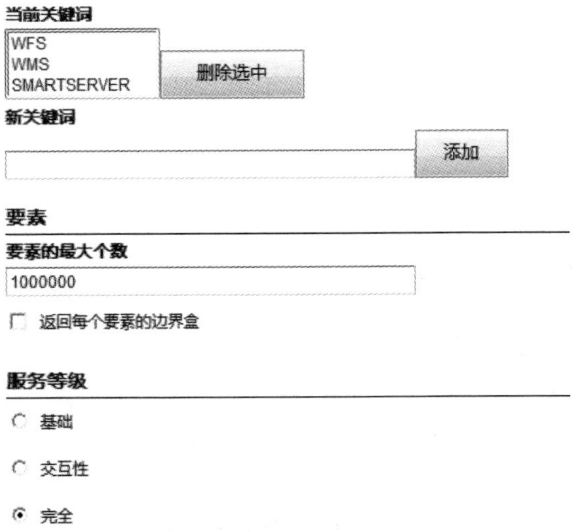

当前关键词

WFS
WMS
SMARTSERVER

删除选中

新关键词

添加

要素

要素的最大个数

1000000

☐ 返回每个要素的边界盒

服务等级

○ 基础

○ 交互性

◉ 完全

图 7-14　网络要素服务 WFS 界面（二）

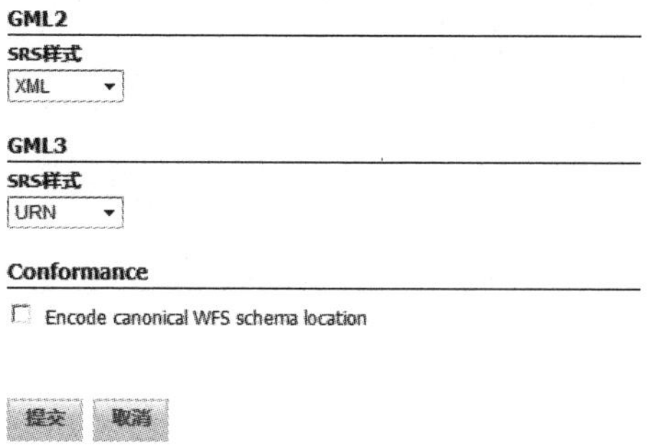

GML2

SRS样式

XML ▾

GML3

SRS样式

URN ▾

Conformance

☐ Encode canonical WFS schema location

提交　取消

图 7-15　网络要素服务 WFS 界面（三）

7.3.4　网络地图服务

网络地图服务

管理地图发布

服务元数据

☑ 启用WMS

☐ 严格遵照CITE

维护人员

http://jira.codehaus.org/secure/BrowseProject.jspa?id=

在线资源

http://smartserver.org

标题

My SmartServer WMS

摘要

This is a description of your Web Map Server.

费用

NONE

访问限制

NONE

图 7-16　网络地图服务 WMS 界面（一）

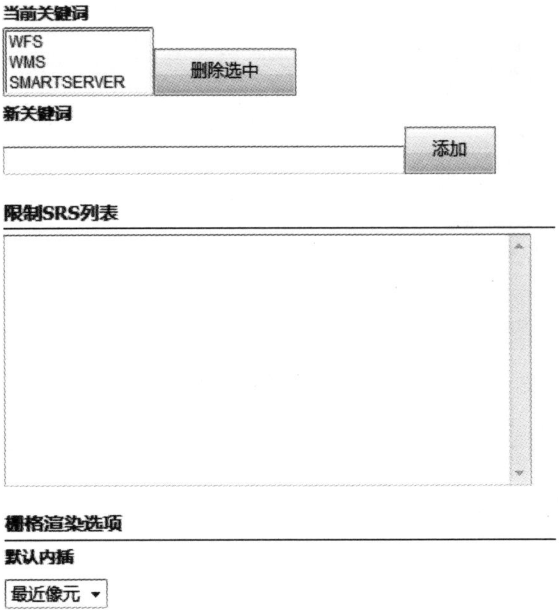

当前关键词

WFS
WMS
SMARTSERVER

删除选中

新关键词

添加

限制SRS列表

栅格渲染选项

默认内插

最近像元 ▾

图 7-17　网络地图服务 WMS 界面（二）

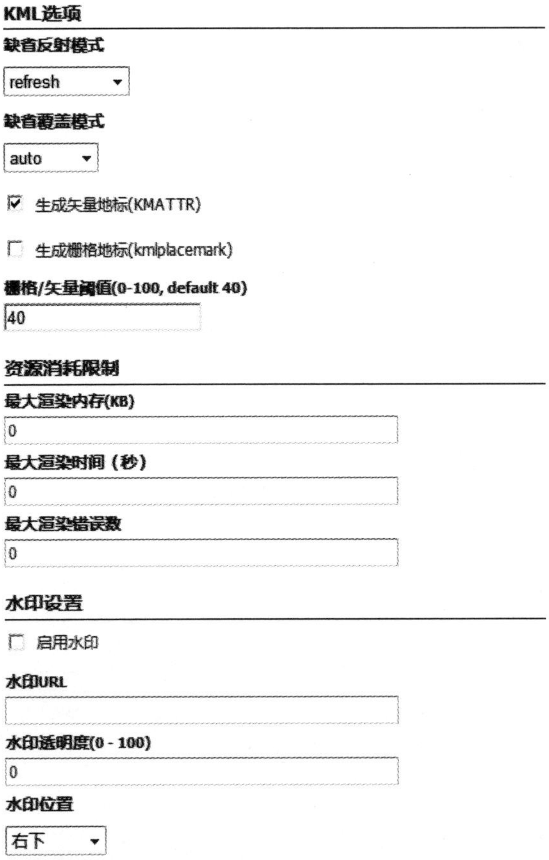

KML选项

缺省反射模式

refresh ▾

缺省覆盖模式

auto ▾

☑ 生成矢量地标(KMATTR)

☐ 生成栅格地标(kmlplacemark)

栅格/矢量阈值(0-100, default 40)

40

资源消耗限制

最大渲染内存(KB)

0

最大渲染时间（秒）

0

最大渲染错误数

0

水印设置

☐ 启用水印

水印URL

水印透明度(0 - 100)

0

水印位置

右下 ▾

图 7-18　网络地图服务 WMS 界面（三）

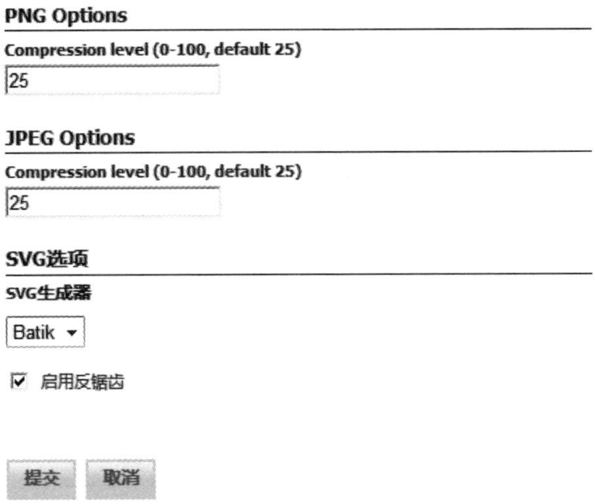

PNG Options
Compression level (0-100, default 25)
25
JPEG Options
Compression level (0-100, default 25)
25
SVG选项
SVG生成器
Batik
启用反锯齿
提交
取消

图 7-19　网络地图服务 WMS 界面（四）

7.4 数据模块

7.4.1 工作空间

工作空间提供了集中管理 GIS 空间数据的有效方法，单击数据模块下的工作空间，效果如下图，列表将列出 GeoServer 中管理的工作空间。当存在多个工作空间时，工作空间按照修改的时间先后顺序排列，点击列表的工作空间名称字段，工作空间列表将按照工作空间名称的字母顺序升序排列，再次点击工作空间名称字段，工作空间列表将按照工作空间名称的字母顺序降序排列。在搜索框中输入目标工作空间的名称可以查找到目标工作空间，并将该工作空间列在工作空间列表内。

工作空间
管理工作空间
添加新工作空间
删除选中工作空间
第 1 项到 1 项 (共 1 项)
搜索
工作空间名称
default
TZ

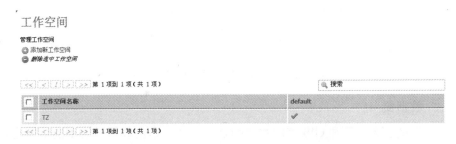

图 7-20　GeoServer 的工作空间界面

单击【添加新工作空间】，页面将跳转到图 7-21 的新工作空间界面，Name 参数设置新工作空间的名称，名称空间 URI 参数设置名称空间的一个 http 地址，Default workspace 复选框设置当前新建的工作空间是否为默认的工作空间。完成以上参数，单击提交，将新建一个新的工作空间，页面将跳转到上述的工作空间列表界面，当前新建的工作空间名称将在列表上列出。

图 7-21　配置新的工作空间

当需要删除某一个工作空间时,用户只需要选中待删除工作空间前的复选框,点击【删除选中工作空间】, 【确认】后即可删除该工作空间（图 7-22）。

图 7-22　删除选中的工作空间

当需要更新工作空间时，用户只需要在工作空间列表上单击工作空间，页面将跳转到编辑工作空间界面，该界面各种参数和新建空间一样，如图 7-23：

图 7-23　编辑已经存在的工作空间

7.4.2　数据集

数据集提供了集中管理 GIS 空间数据的有效方法，单击数据模块下的数据集，效果如图 7-24，数据集列表将列出 GeoServer 中管理的数据集。当存在多个数据集时，数据集将按照修改的时间先后顺序排列，点击列表的数据集名称字段，数据集列表将按照数据集名称的字母顺序升序排列，再次点击数据集名称字段，数据集列表将按照数据集名称的字母顺序降序排列。用户也可以单击类型字段，数据集将按照类型排序，单击工作空间字段，数据集将按照工作空间名称排序。在搜索框中输入目标数据集的名称可以查找到目标数据集，并将该数据集列在数据集列表内。

数据集

管理数据集
⊕ 添加新数据集
⊖ 删除选中数据集

	类型	工作空间	数据集名称	启用状态
☐		TZ	testa	✔
☐		TZ	TZraster	✔
☐		TZ	data1W	✔
☐		TZ	data5W	✔
☐		TZ	data_25W	✔
☐		TZ	data_500	✔
☐		TZ	dimingdizhi	✔
☐		TZ	TZvector	✔

图 7-24   GeoServer 的数据集界面

（1）删除数据集

用户选中目标数据集前的复选框，单击【删除选中数据集】命令（支持多选，批量删除多个数据集），在弹出的确认删除对话框中选择确定即可删除目标数据集，如图7-25：

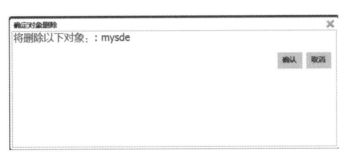

图 7-25   删除选中数据集

（2）添加数据集

GeoServer提供矢量数据源和栅格数据源这两种方式来负责空间数据的发布与管理。矢量数据源提供了PostGIS、ArcSDE、Shapefile和WFS等方式提供矢量数据。栅格数据源提供了GeoTIFF、ArcGrid、ArcSDE Raster等方式提供栅格数据。具体数据源如图7-26：

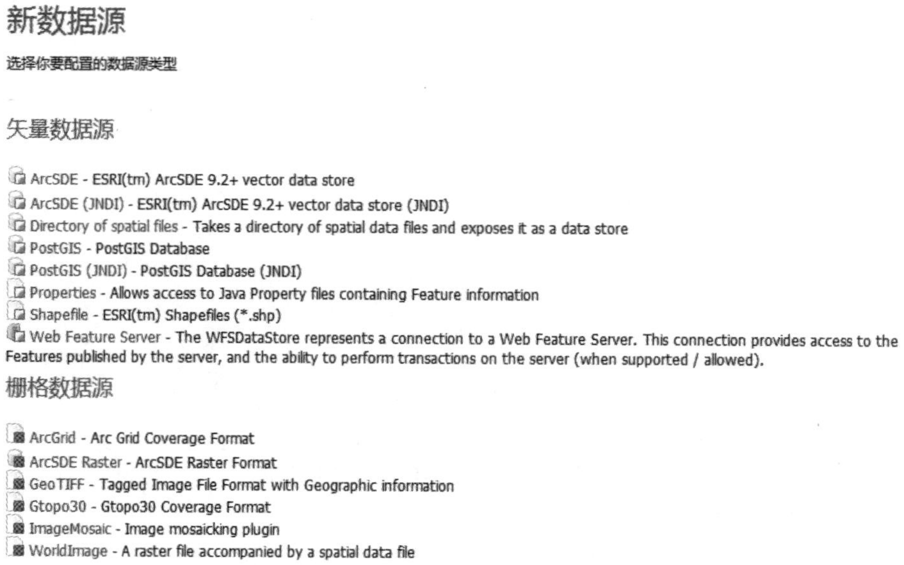

新数据源

选择你要配置的数据源类型

矢量数据源

- ArcSDE - ESRI(tm) ArcSDE 9.2+ vector data store
- ArcSDE (JNDI) - ESRI(tm) ArcSDE 9.2+ vector data store (JNDI)
- Directory of spatial files - Takes a directory of spatial data files and exposes it as a data store
- PostGIS - PostGIS Database
- PostGIS (JNDI) - PostGIS Database (JNDI)
- Properties - Allows access to Java Property files containing Feature information
- Shapefile - ESRI(tm) Shapefiles (*.shp)
- Web Feature Server - The WFSDataStore represents a connection to a Web Feature Server. This connection provides access to the Features published by the server, and the ability to perform transactions on the server (when supported / allowed).

栅格数据源

- ArcGrid - Arc Grid Coverage Format
- ArcSDE Raster - ArcSDE Raster Format
- GeoTIFF - Tagged Image File Format with Geographic information
- Gtopo30 - Gtopo30 Coverage Format
- ImageMosaic - Image mosaicking plugin
- WorldImage - A raster file accompanied by a spatial data file

图 7-26　矢量数据源和栅格数据源

（3）发布 ArcSDE 矢量数据

点击【ArcSDE】将选择 ArcSDE 作为数据源，发布 ArcSDE 中存储的矢量数据，界面如图 7-27、图 7-28 所示：

新矢量数据源

ArcSDE
ESRI(tm) ArcSDE 9.2+ vector data store

基础数据集信息
工作空间 *
TZ
数据源名称 *

Description

☑ 启用

图 7-27　ArcSDE 作为矢量数据源设置（一）

连接参数

名称空间　*
http://3s:8080/geoserver

数据库类型　*

arcsde

主机名或IP地址　*

端口　*

5151

实例名

用户名　*

密码

初始连接数

2

最大连接数

6

连接时限（毫秒）

500

数据库版本

☐　允许非几何表

保存　取消

图 7-28　ArcSDE 作为矢量数据源设置（二）

"基础数据集信息"可以设置新建的矢量数据集的基本信息：工作空间参数设置当前新建的矢量数据集存放的工作空间；数据源名称参数设置当前新建矢量数据集的名称；Description 参数设置新建矢量数据集的描述信息；启用参数设置当前新建的矢量数据集是否可用，如果复选框不选中，则当前矢量数据集状态为不可用，上述的数据集列表中启用状态是 ⚠，相反则状态为可用，数据集列表显示 ✔。

"连接参数"可以设置新建矢量数据集的相关链接信息：数据库类型参数设置当前新建矢量数据集的类型；主机名或 IP 地址参数设置新建矢量数据集连接服务器的计算机名或者 IP 地址；端口参数确定端口号，默认为 5151；实例名参数确定数据库实例名；用户名参数确定 ArcSDE 数据库用户名；密码参数确定 ArcSDE 数据库密码；初始连接数、最大连接数参数分别设置连接的初始和最大连接数，保持默认值；连接时限参数设置连接 ArcSDE 数据库的时间，如果超过设置的时间仍连接不上 ArcSDE 则提示连接失败。其他参数保持默认设置即可。

完成以上参数，单击【保存】将新建一个新的矢量数据集，页面将跳转到选择新图层的界面，保存在 ArcSDE 数据库中的数据将作为当前新建的数据集的矢量数据源列在列表中。选择对应的图层，点击【发布】即可发布相应的矢量数据（数据发布后一节详细论述）。在搜索框中输入待发布的数据的名称按"回车"键即可定位到指定的图层。

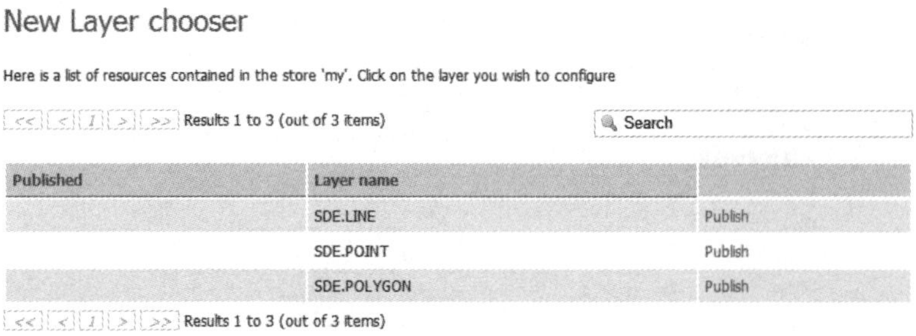

图 7-29　ArcSDE 新图层的选择

（4）发布 Shapefile 矢量数据

GeoServer 还提供了连接本地文件的方式发布矢量数据。在矢量数据源的列表下选择
Shapefile，进入如下界面：

图 7-30　连接本地文件的方式发布矢量数据

"基础数据集信息"可以设置新建的矢量数据集的基本信息：工作空间参数设置当
前新建的矢量数据集存放的工作空间；数据源名称参数设置当前新建矢量数据集的名称；
Description 参数设置新建数据的描述信息；启用参数设置当前新建的矢量数据集是否可
用，如果复选框不选中，则当前矢量数据集的状态为不可用，上述的数据集列表中启用
状态是 ⚠️ ，相反则状态为可用，数据集列表显示 ✔️ 。

"连接参数"可以设置新建矢量数据集的相关链接信息：URL 参数设置文件的绝对
路径，必须以 file: 作为前缀，前缀后接绝对路径；名称空间参数的默认值是提供了工作
空间的名称，此参数为只读；create spatial index 复选框设置是否设置空间索引，默认为
选中状态；charset 参数设置数据集的字符集。其他参数保持默认值。

设置完以上参数，点击【保存】，页面将跳转到选择新图层页面，保存在文件中的
数据将作为当前新建的数据集的矢量数据源列在列表中。选择对应的图层，点击【发布】

即可发布相应的矢量数据（数据发布后一节详细论述）。在搜索框中输入待发布的数据的名称按"回车"键即可定位到指定的图层。如图 7-31 所示：

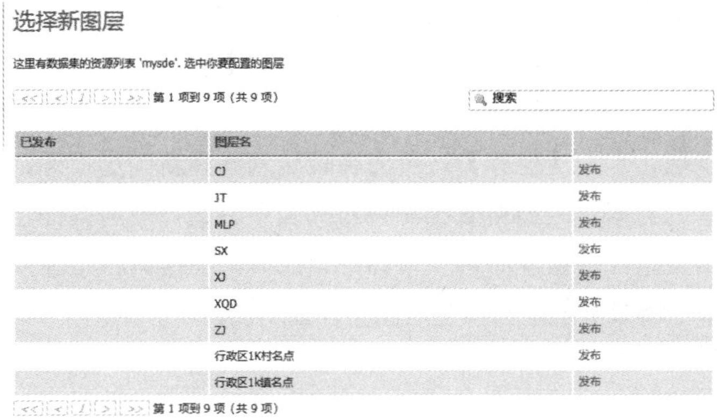

选择新图层

这里有数据集的资源列表 'mysde'. 选中你要配置的图层

|<< < | 1 | 2 | 3 | > >> 第 1 项到 9 项（共 9 项）　　　　　　🔍 搜索

已发布	图层名	
	CJ	发布
	JT	发布
	MLP	发布
	SX	发布
	XJ	发布
	XQD	发布
	ZJ	发布
	行政区1K村名点	发布
	行政区1k镇名点	发布

|<< < | 1 | 2 | 3 | > >> 第 1 项到 9 项（共 9 项）

图 7-31　Shapefile 新图层的选择

（5）发布栅格数据

GeoServer 提供了发布栅格数据的接口，主要有连接 ArcSDE　Raster 和本地 GeoTIFF 文件的方式。

发布 ArcSDE　Raster 栅格数据

点击【ArcSDE　Raster】，进入如下的界面：

添加覆盖数据源

描述

ArcSDE Raster
ArcSDE Raster Format
基础数据集信息
工作空间 *
TZ
Data Source Name *

Description

☑ 启用

连接参数
设置相同连接参数为：
请选择 ▼
服务器 *

端口 *
5151
数据库

用户名 *

密码 *

请选择 ▼　刷新

保存　取消

图 7-32　发布 ArcSDE　Raster 栅格数据

"基础数据集信息"设置新建的栅格数据集的基本信息：工作空间参数设置当前新建的栅格数据集存放的工作空间；Data　Source　Name 参数设置当前新建栅格数据集的名称；Description 参数设置新建栅格数据的描述信息；启用参数设置当前新建的栅格数据集是否可用，如果复选框不选中，则当前栅格数据集状态为不可用，上述的数据集列表中启用状态是 ⚠️ ，相反则状态为可用，数据集列表显示 ✔️ 。

"连接参数"设置新建栅格数据集的相关链接信息：设置相同连接参数将控制连接

ArcSDE 的连接参数，当前的连接参数将与下拉列表框列出的数据集的连接参数相同；服务器参数设置新建栅格数据集连接服务器的计算机名或者 IP 地址；端口参数确定端口号，默认为 5151；数据库参数确定连接的数据库实例名；用户名参数确定 ArcSDE 数据库用户名；密码参数确定 ArcSDE 数据库密码。点击【刷新】按钮，下拉列表框将列出 ArcSDE 数据库中存储的所有栅格数据集。

设置完以上参数，点击【保存】，页面将跳转到选择新图层页面，待发布的栅格数据将作为当前新建的数据集的栅格数据源列在列表中。选择对应的图层点击【发布】即可发布相应的栅格数据（数据发布后一节详细论述）。在搜索框中输入待发布的栅格数据的名称按"回车"键即可定位到指定的图层。如下图：

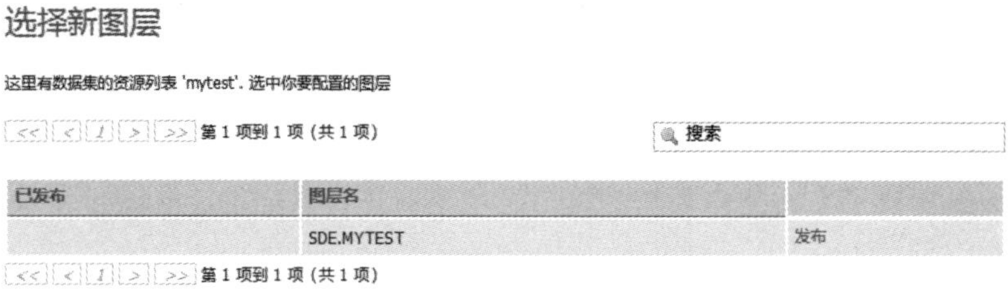

选择新图层

这里有数据集的资源列表 'mytest'. 选中你要配置的图层

<<	<	1	>	>> 第 1 项到 1 项 (共 1 项)		🔍 搜索	

已发布	图层名	
	SDE.MYTEST	发布

<< | < | 1 | > | >> 第 1 项到 1 项 (共 1 项)

图 7-33　建立的栅格数据的新图层

（6）发布 GeoTiff 栅格数据

GeoServer 同时还提供了连接本地文件的方式发布栅格数据。在栅格数据源的列表下选择 GeoTIFF，进入如下界面：

添加覆盖数据源

描述

GeoTIFF
Tagged Image File Format with Geographic information

基础数据集信息
工作空间 *

TZ ▾

Data Source Name *

Description

☑ 启用

连接参数
URL *

file:data/example.extension

保存　取消

图 7-34　连接本地文件的方式发布栅格数据

"基础数据集信息"设置新建的栅格数据集的基本信息：工作空间参数设置当前新

建的栅格数据集存放的工作空间；Data Source Name 参数设置当前新建栅格数据集的名称；Description 参数设置新建栅格数据集的描述信息；启用参数设置当前新建的栅格数据集是否可用，如果复选框不选中，则当前栅格数据集状态为不可用，上述的数据集列表中启用状态是 ⚠ ，相反则状态为可用，数据集列表显示 ✔ 。

"连接参数"设置新建栅格数据集的相关链接信息：URL 参数设置文件的绝对路径，必须以 file: 作为前缀，前缀后接绝对路径。

设置完以上参数，点击【保存】，页面将跳转到选择新图层页面，保存在文件中的栅格数据将作为当前新建的数据集的栅格数据源列在列表中。选择对应的图层，点击【发布】即可发布相应的栅格数据（数据发布后一节详细论述）。在搜索框中输入待发布的栅格数据的名称按"回车"键即可定位到指定的图层。

（7）更新数据集

用户更新数据集时，单击数据集列表上的目标数据集名称，页面跳转到编辑数据源页面。编辑数据源页面根据数据源的类型跳转到不同的页面。

①当单击 Shapefile 文件方式的矢量数据源时，页面跳转到如下的编辑矢量数据源页面：

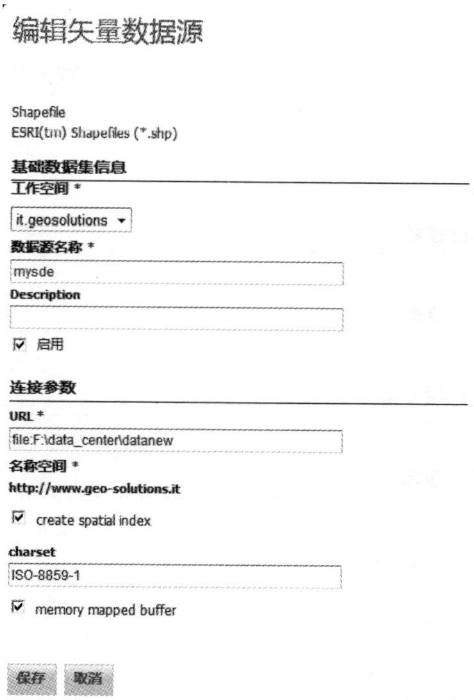

图 7-35　编辑以 Shapefile 文件方式发布的矢量数据源

②当单击 ArcSDE 方式的矢量数据源时，页面跳转到图 7-36、图 7-37 的编辑矢量数据源页面：

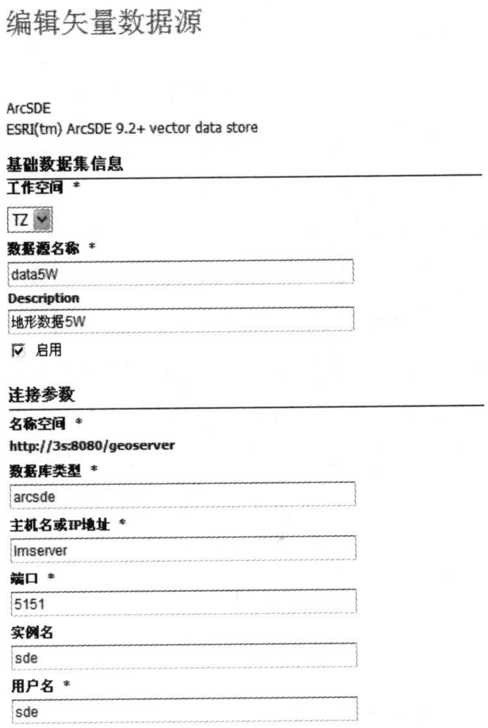

编辑矢量数据源

ArcSDE
ESRI(tm) ArcSDE 9.2+ vector data store

基础数据集信息
工作空间 *
TZ ▾
数据源名称 *
data5W
Description
地形数据5W
☑ 启用

连接参数
名称空间 *
http://3s:8080/geoserver
数据库类型 *
arcsde
主机名或IP地址 *
imserver
端口 *
5151
实例名
sde
用户名 *
sde

图 7-36　编辑以 ArcSDE 方式发布的矢量数据源（一）

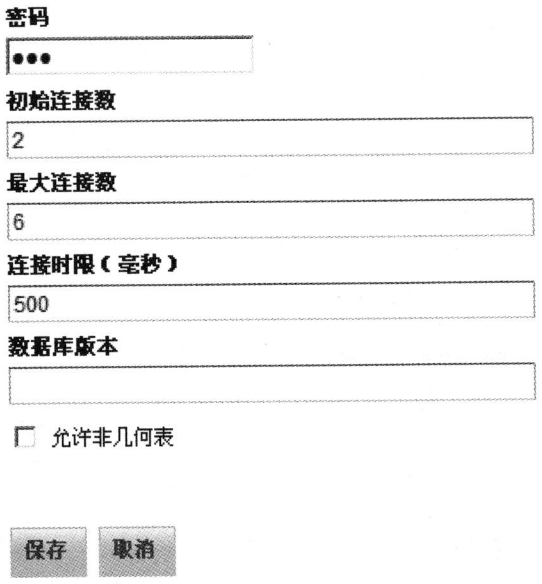

密码
●●●
初始连接数
2
最大连接数
6
连接时限（毫秒）
500
数据库版本

☐ 允许非几何表

保存　取消

图 7-37　编辑以 ArcSDE 方式发布的矢量数据源（二）

③当单击 GeoTIFF 文件方式的栅格数据源时，页面跳转到如下的编辑栅格数据源页面：

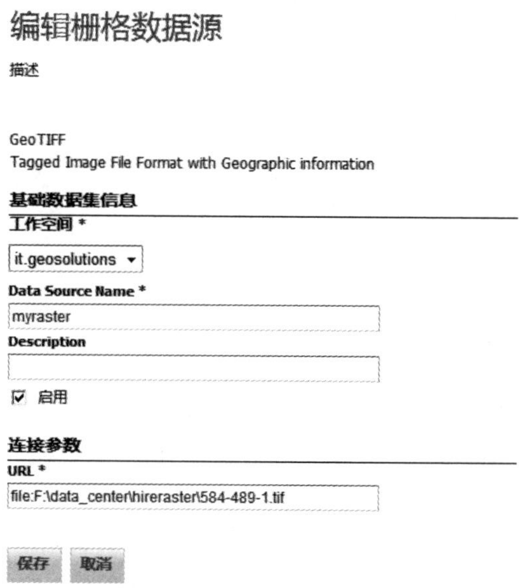

编辑栅格数据源

描述

GeoTIFF
Tagged Image File Format with Geographic information

基础数据集信息

工作空间 *

[it.geosolutions ▾]

Data Source Name *

[myraster]

Description

[   ]

☑ 启用

连接参数

URL *

[file:F:\data_center\hireraster\584-489-1.tif]

[保存]　[取消]

图 7-38　编辑以 GeoTIFF 本地文件方式发布的栅格数据源

④当单击 ArcSDE　Raster 方式的栅格数据源时，页面跳转到如下的编辑栅格数据源页面：

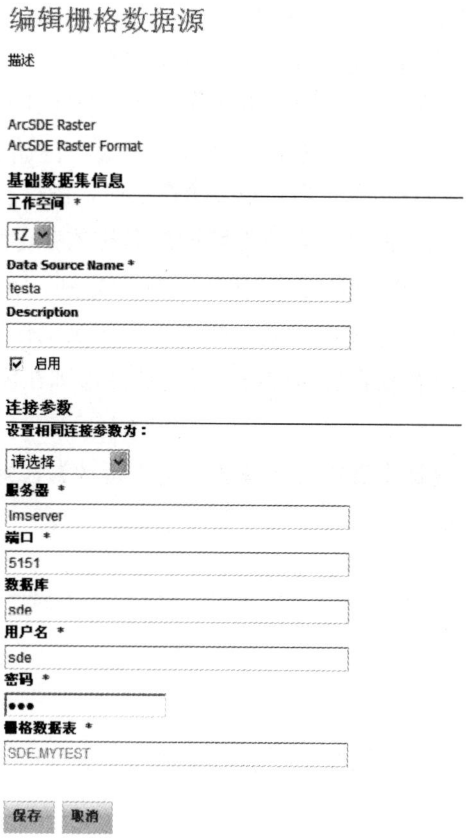

编辑栅格数据源

描述

ArcSDE Raster
ArcSDE Raster Format

基础数据集信息

工作空间 *

[TZ ▾]

Data Source Name *

[testa]

Description

[   ]

☑ 启用

连接参数

设置相同连接参数为：

[请选择　　　▾]

服务器 *

[lmserver]

端口 *

[5151]

数据库

[sde]

用户名 *

[sde]

密码 *

[•••]

栅格数据表 *

[SDE.MYTEST]

[保存]　[取消]

图 7-39　编辑以 ArcSDE　Raster 方式发布的栅格数据源

各数据集更新页面上的参数与新建数据集时的参数意义完全相同，用户可以参照上述参数设置。

7.4.3 图层

图层模块提供了发布与管理所有图层的功能，点击数据模块下的图层模块，页面将跳转到如下界面（图 7-40）：

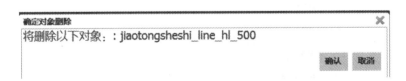

图 7-40　GeoServer 的图层模块

图层列表列出了当前所有已发布的图层信息，每一条记录具体列出了类型信息，如果是点图层，类型列将显示 ⚫ ；如果是线图层，类型列将显示 ⋈ ；如果是面图层，类型列将显示 ▣ ；如果是栅格层，类型列将显示 ▦ 。工作空间列，列出当前图层所属的工作空间；数据集列，列出当前图层所属的数据集的名称；图层名列，显示图层的名称；启用状态，显示当前图层是否可用，如果可用则显示 ✔ ，如果不可用则显示 ⚠ ；原始 SRS 列，列出图层的坐标系信息。当存在多个图层时，图层按照修改的时间进行排列，点击图层列表的图层名字段，图层列表将按照图层名称的字母顺序升序排列，再次点击图层名字段，图层列表将按照图层名称的字母顺序降序排列。用户也可以单击类型字段，图层将按照类型排序，单击工作空间字段，数据集将按照工作空间名称排序。在搜索框中输入目标图层的名称可以查找到目标图层，并将该图层列在图层列表内。

（1）删除图层

只需要将图层名前的复选框选中，点击【删除选中资源】，在弹出的确认对话中选择【确认】即可删除待删除的目标图层。操作如下图：

图 7-41　删除选中的图层

（2）添加图层

添加新图层，点击【添加新资源】按钮，跳转到如下的界面：

选择新图层

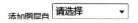

图 7-42　添加新图层

"添加图层自"参数用于设置待添加图层所属的数据集。选择待发布图层所属的数据集，页面跳转到如下界面：

选择新图层

添加图层自 TZ:TZvector

这里是有数据集的详细列表 'TZvector'，选中你要配置的图层

已发布	数据层名	
✔	SDE.ZT_DAXUE_NEW	重新发布
✔	SDE.ZT_GONGCHANGQIYE_NEW	重新发布
✔	SDE.ZT_GONGGONGCESUO_NEW	重新发布
✔	SDE.ZT_GONGJIAOZHANTAI_NEW	重新发布
✔	SDE.ZT_GONGYUANFENGJINGQU_NEW	重新发布
✔	SDE.ZT_LVGUAN_NEW	重新发布
✔	SDE.ZT_SHANGCHANG_NEW	重新发布
✔	SDE.ZT_XIAOXUE_NEW	重新发布
✔	SDE.ZT_XIUXIANYULE_NEW	重新发布
✔	SDE.ZT_YINHANG_NEW	重新发布
✔	SDE.ZT_YIYUAN_NEW	重新发布
✔	SDE.ZT_YOUERYUAN_NEW	重新发布
✔	SDE.ZT_ZHAODAISUO_NEW	重新发布
✔	SDE.ZT_ZHENGFUJIGUAN_NEW	重新发布
✔	SDE.ZT_ZHONGXUE_NEW	重新发布
	SDE.ATILK_250K_L	发布
	SDE.ATILK_250K_P	发布
	SDE.BOUND1_50K	发布

图 7-43　图层的配置

选择新图层列表将列出该数据集所包含的所有图层，每一个图层给出"已发布""图层名"和操作信息。"已发布"列出当前图层是否已经发布，已发布状态显示 ✔，操作信息为"重新发布"；未发布的图层的状态显示为空，操作信息为"发布"。"图层名"列出图层的完整图层名。在搜索框中输入待搜索的图层名按"回车"键即可定位到目标图层。

（3）发布矢量图层：

点击未发布的矢量图层后的【发布】按钮，跳转到如下页面：

TZ:SDE.ATIELU_WYJ

为当前图层配置资源和发布信息

数据　正在发布

基础资源信息

名称

SDE.ATIELU_WYJ

标题

SDE.ATIELU_WYJ

摘要

图 7-44　发布矢量数据服务"数据"面板（一）

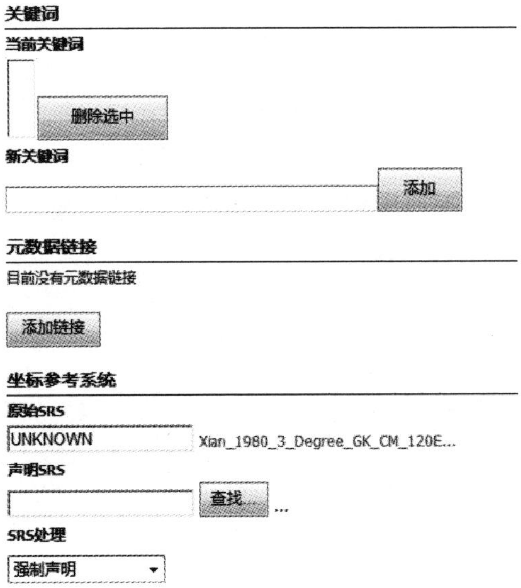

关键词

当前关键词

删除选中

新关键词

添加

元数据链接

目前没有元数据链接

添加链接

坐标参考系统

原始SRS

UNKNOWN   Xian_1980_3_Degree_GK_CM_120E...

声明SRS

查找 ...

SRS处理

强制声明

图 7-45　发布矢量数据服务"数据"面板（二）

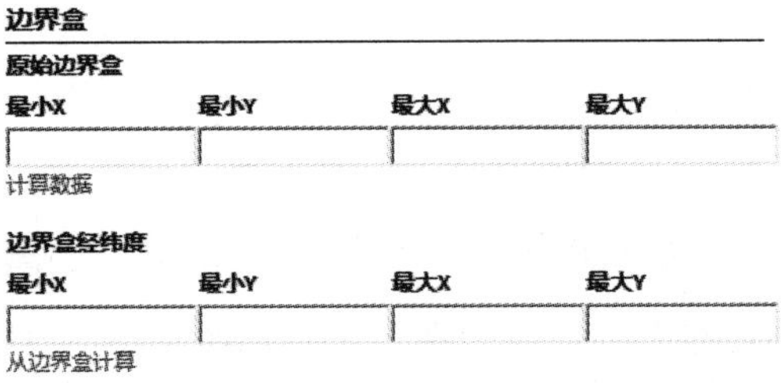

边界盒

原始边界盒

最小X	最小Y	最大X	最大Y

计算数据

边界盒经纬度

最小X	最小Y	最大X	最大Y

从边界盒计算

图 7-46　发布矢量数据服务"数据"面板（三）

要素类型细节

属性	类型	Nillable	最小/最大发生率
CODE	Integer	true	0/1
NAME	String	true	0/1
SHAPE_LENG	Double	true	0/1
FNODE_	Double	true	0/1
TNODE_	Double	true	0/1
LPOLY_	Double	true	0/1
RPOLY_	Double	true	0/1
LENGTH	Double	true	0/1
RAILWAY_G_	Double	true	0/1
RAILWAY_G1	Double	true	0/1
GB	Integer	true	0/1
RN	String	true	0/1
SHAPE	MultiLineString	true	0/1

Reload feature type ⚠ ...

保存 取消

图 7-47　发布矢量数据服务"数据"面板（四）

该界面主要用来设置当前图层配置资源和发布信息的参数，有两个面板：数据和正在发布。数据面板设置待发布数据的名称和空间信息等内容；正在发布面板设置样式和 WMS 属性。界面默认进入【数据】面板。

"基础资源信息"设置待发布数据发布后的基础信息：名称参数设置发布后的 WMS 的名称，名称必须为英文字符；标题参数设置发布后的 WMS 的标题；摘要参数设置发布后的 WMS 的摘要信息。

"关键词"设置发布后的 WMS 的关键词。

"元数据链接"设置发布后的 WMS 的元数据链接，点击【添加链接】按钮，弹出如下窗口：

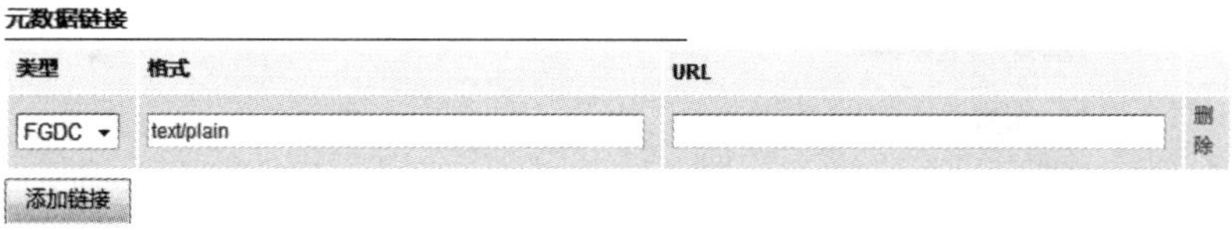

图 7-48　矢量数据元数据链接界面

类型列表框提供了通用的元数据类型，FGDC、TC211 与 other。格式文本框中默认设置元数据文件的格式为 text/plain，用户可以根据需要自行修改格式。URL 文本框用于设置元数据文件的 URL 地址。点击删除按钮将删除设置的元数据信息。

"坐标参考系统"设置发布后的 WMS 的空间坐标信息：原始 SRS 设置原始数据的坐标系统代码；声明 SRS 参数设置发布后的 WMS 的坐标系统代码，当用户不知道具体的坐标系统代码时点击【查找】按钮，系统将弹出如图 7-49 对话框。SRS 处理参数设置对坐标系统的操作，提供了强制声明、重投影到本地文件和保持原始。操作时保持默认值。

图 7-49　坐标参考系统信息查询

代码名称列出了坐标系统的代号。描述列出了坐标系统的描述信息。在搜索框中输入代码将定位到目标坐标系统的代码。

　　"边界盒"设置发布后的 WMS 的空间范围：原始边界盒设置原始数据的边界盒大小，点击计算数据，系统将自动生成原始数据的边界盒的大小；边界盒经纬度参数用于设置发布后的 WMS 边界的大小，以经纬度为度量单位，点击从边界盒计算，系统将自动生成发布后的 WMS 的边界盒经纬度的大小。用户可以根据实际的需要自行设置上述范围的参数。

　　"要素类型细节"用于显示发布后的 WMS 的要素属性信息，以列表的形式出现。

　　设置好以上参数点击【保存】，切换到【正在发布】面板。

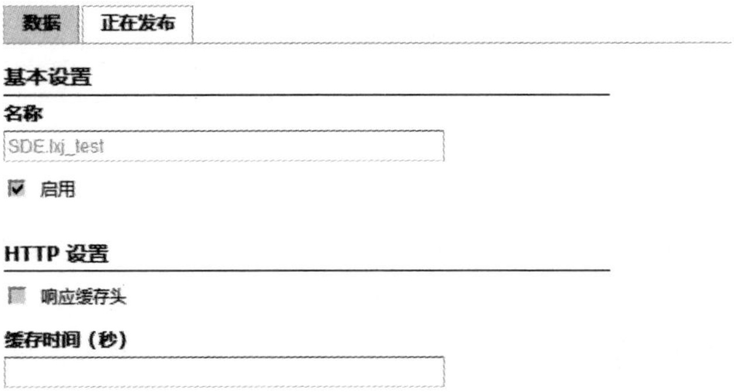

图 7-50　数据正在发布面板（一）

　　"基本设置"用于设置发布后的 WMS 的名称和启用状态：名称参数为只读；启用参数用于设置发布后的 WMS 是否可用，如果未启用，图层列表对应的图层的状态显示为 ⚠ ，如果启用，图层列表对应的图层的状态显示为 ✔ 。

　　"HTTP 设置"用于设置发布后 WMS 的缓存信息，保持默认值。

图 7-51　数据正在发布面板（二）

　　"网络要素服务设置"用于设置每个请求的相关参数，保持默认值。

　　"默认标题"用于设置发布后 WMS 的样式：默认样式参数用于设置发布后的 WMS

的样式，选择列表框中的目标样式，在下拉列表框下将显示该样式的图例信息；附加样式参数设置发布后的 WMS 的附加样式。

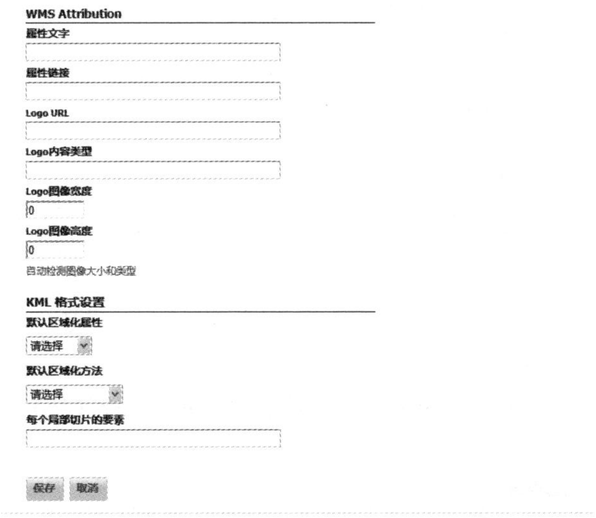

图 7-52　数据正在发布面板（三）

"WMS Attribution"用于设置 WMS 的属性信息；属性文字参数设置属性文字信息，属性链接用于设置属性的链接地址；Logo URL 用于设置发布后的 WMS 的 logo 的地址；Logo 图像宽度、高度参数用于设置 logo 的宽度和高度。用户可根据实际需要自行定义参数。

"KML 格式设置"用于设置 KML 属性，保持默认值即可。

点击【保存】，当前图层发布成功，将跳转到图层列表界面，当前发布的图层将按照修改时间顺序列在列表的最后。

（4）发布栅格数据

点击未发布的栅格图层后的【发布】按钮，系统将跳转到如图 7-53～7-56 所示界面：

图 7-53　发布栅格数据服务"数据"面板（一）

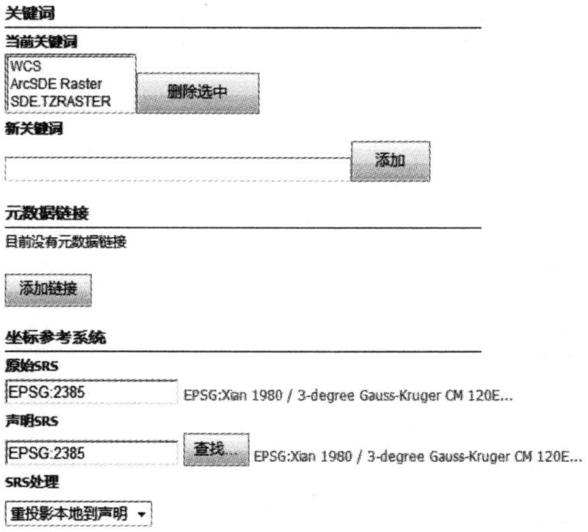

图 7-54　发布栅格数据服务"数据"面板（二）

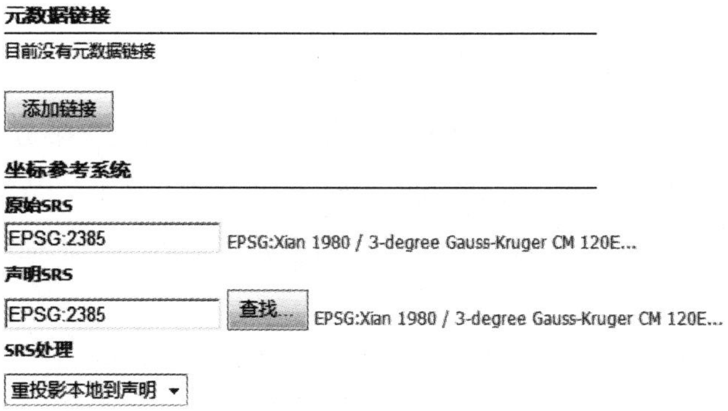

图 7-55　发布栅格数据服务"数据"面板（三）

图 7-56　发布栅格数据服务"数据"面板（四）

　　该页面主要用来设置当前栅格图层的配置资源和发布信息的参数，有两个面板：【数据】和【正在发布】。数据面板设置待发布栅格数据的名称和空间信息等内容；正在发布面板设置样式和 WMS 属性的设置。页面默认进入数据面板。

　　"基础资源信息"设置待发布栅格数据发布后的基础信息：名称参数设置发布后的 WMS 的名称；名称必须为英文字符；标题信息设置发布后的 WMS 的标题；摘要参数设置发布后的 WMS 的摘要信息。

　　"关键词"设置发布后的 WMS 的关键词。

　　"元数据链接"设置发布后的 WMS 的元数据链接，点击添加链接按钮选择，弹出如下窗口：

图 7-57　栅格数据元数据链接

　　类型列表框提供了通用的元数据类型，FGDC、TC211 与 other。格式文本框中默认设置元数据文件的格式为 text/plain，用户可以根据需要自行修改格式。URL 文本框用于设置元数据文件的 URL 地址。点击删除按钮将删除设置的元数据信息。

　　"坐标参考系统"设置发布后的 WMS 的空间坐标信息：原始 SRS 设置原始数据的坐标系统代码；声明 SRS 参数设置发布后的 WMS 的坐标系统代码。当用户不知道具体的坐标系统代码时点击【查询】按钮，系统将弹出图 7-58 所示对话框。SRS 处理参数设置对坐标系统的操作，提供了强制声明、重投影到本地文件和保持原始。操作时保持默认值。

代码	描述
2000	Anguilla 1957 / British West Indies Grid
2001	Antigua 1943 / British West Indies Grid
2002	Dominica 1945 / British West Indies Grid
2003	Grenada 1953 / British West Indies Grid
2004	Montserrat 1958 / British West Indies Grid
2005	St. Kitts 1955 / British West Indies Grid
2006	St. Lucia 1955 / British West Indies Grid
2007	St. Vincent 45 / British West Indies Grid
2008	NAD27(CGQ77) / SCoPQ zone 2
2009	NAD27(CGQ77) / SCoPQ zone 3
2010	NAD27(CGQ77) / SCoPQ zone 4
2011	NAD27(CGQ77) / SCoPQ zone 5

选择坐标系，缩小查找范围。　🔍 搜索

图 7-58　栅格数据坐标参考系统信息

代码名称列出了坐标系统的代号。描述列列出了坐标系统的描述信息。在搜索框中输入代码将定位到目标坐标系统的代码。

"边界盒"设置发布后的 WMS 的空间范围：原始边界盒设置原始数据的边界盒大小，点击计算数据，系统将自动生成原始数据的边界盒的大小；边界盒经纬度参数用于设置发布后的 WMS 边界的大小，以经纬度为度量单位，点击从边界盒计算，系统将自动生成发布后的 WMS 的边界盒经纬度的大小。用户可以根据实际的需要自行设置上述范围的参数。

"覆盖参数"用于设置覆盖时的策略，默认按照 QUALITY 属性值来覆盖。

设置好以上参数点击【保存】，切换到正在发布面板。

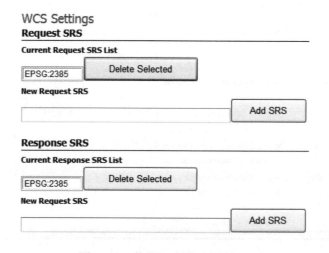

图 7-59　数据正在发布面板（一）

"基本设置"用于设置发布后的 WMS 的名称和启用状态：名称参数为只读的，启用参数用于设置发布后的 WMS 是否可用，如果未启用，图层列表对应的图层的状态显示 ⚠ ，如果启用，图层列表对应的图层的状态显示为 ✔ 。

"HTTP 设置"用于设置发布后 WMS 的缓存信息，保持默认值。

图 7-60　数据正在发布面板（二）

"Request SRS"用于设置请求的坐标系统的名称代码。

"Response SRS"用于设置响应的坐标系统的名称代码。

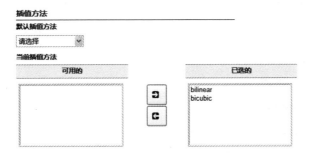

图 7-61　数据正在发布面板（三）

"插值方法"用于设置图像差值方法，默认的插值方法有最邻近插值法、双线性插值法和样条插值法。

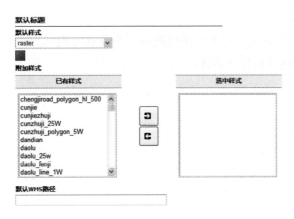

图 7-62　数据正在发布面板（四）

"Formats"用于设置 WMS 的输出格式。

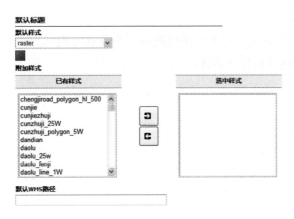

图 7-63　数据正在发布面板（五）

"默认标题"用于设置发布后 WMS 的样式：默认样式参数用于设置发布后的 WMS 的样式，选择列表框中的目标样式，在下拉列表框下将显示该样式的图例信息；附加样式参数设置发布后的 WMS 的附加样式。

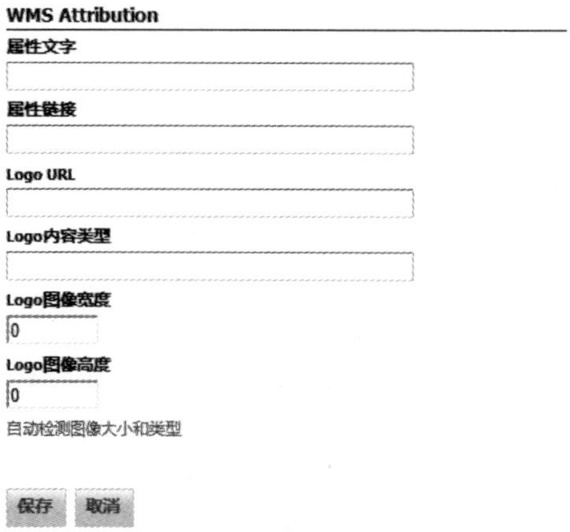

图 7-64　数据正在发布面板（六）

"WMS Attribution"用于设置 WMS 的属性信息：属性文字参数设置属性文字信息；属性链接用于设置属性的链接地址；Logo URL 用于设置发布后的 WMS 的 logo 的地址；Logo 图像宽度、高度参数用于设置 logo 的宽度和高度。用户可根据实际需要自行定义参数。

点击【保存】，当前图层发布成功，将跳转到图层列表界面，当前发布的图层将按照修改时间顺序列在列表里。

（5）更新图层

用户更新图层时，单击图层列表上的目标图层名称，页面跳转到编辑数据源页面。编辑数据源页面根据数据源的类型跳转到不同的页面。当单击矢量图层时，页面跳转到发布矢量图层页面。当单击栅格图层时，页面跳转到发布栅格图层页面。具体的页面和参数设置与上述发布操作的参数一样，用户可以查阅上述操作。

7.4.4　图层组

图层组操作是将具有相同坐标系统的图层叠置在一起，方便调用。单击数据模块下的图层组，页面将跳转到如下界面：

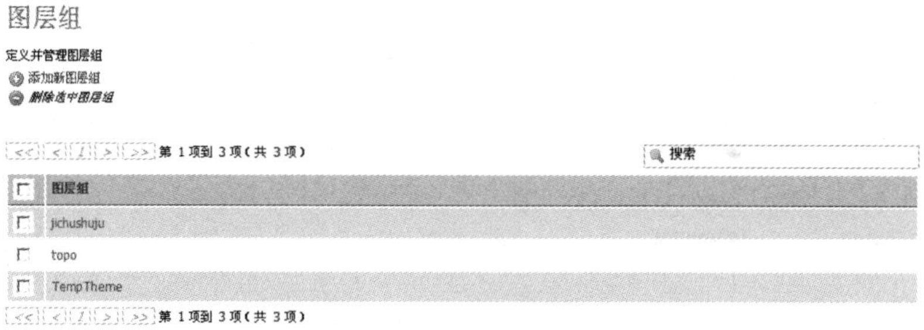

图 7-65　GeoServer 的图层组模块

当存在多个图层组时，图层组按照修改的时间先后顺序排列，点击列表的图层组字段，图层组列表将按照图层组名称的字母顺序升序排列，再次点击图层组字段，图层组列表

将按照图层组名称的字母顺序降序排列。在搜索框中输入目标图层组的名称可以查找到
目标图层组，并将该图层组列在图层组列表内。

（1）删除图层组

删除目标图层组，只需要选中图层组前面的复选框，单击【删除选中图层组】，在
弹出的确认对话框中确认即可删除目标图层组。

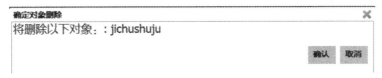

图 7-66　删除选中的图层组

（2）添加图层组

点击【添加新的图层组】，页面跳转到如下界面：

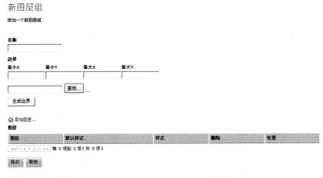

图 7-67　添加新的图层组

名称参数设置图层组的名称；边界参数设置图层组的空间范围，空间范围用户可以
在边界盒的文本框中手工输入，也可以点击【生成边界】按钮，系统按照图层组最大的
空间范围自动生成边界范围。点击【查找】按钮系统弹出查找 SRS 坐标系统的代码对话框，
如图 7-68 所示：

代码	描述
68056405	MGI (Ferro) (deg)
68066405	Monte Mario (Rome) (deg)
68086405	Padang (Jakarta) (deg)
68096405	Belge 1950 (Brussels) (deg)
68136405	Batavia (Jakarta) (deg)
68146405	RT38 (Stockholm) (deg)
68156405	Greek (Athens) (deg)
68186405	S-JTSK (Ferro) (deg)
68206405	Segara (Jakarta) (deg)
69036405	Madrid 1870 (Madrid) (deg)

<< < 182 183 184 185 *186* > >> 第 4,626 项到 4,635 项（共 4,635 项）

图 7-68　SRS 坐标系统代码对话框

点击【添加图层按钮】，页面弹出如图 7-69 所示界面：

name	store	workspace
daolu_line_1W	data1W	TZ
dianlixian_1W	data1W	TZ
dimingzhuji_1W	data1W	TZ
gonggongsheshi_1W	data1W	TZ
jiaotong_point_1W	data1W	TZ
jumindi_1W	data1W	TZ
kongzhidian_1W	data1W	TZ
shuixi_line_1W	data1W	TZ
shuixi_polygon_1W	data1W	TZ
cunzhuji_polygon_5W	data5W	TZ
daolu_line_5W	data5W	TZ

图 7-69　为选中的图层组添加新的图层

用户可以浏览查询需要添加到图层组的图层，列表默认是按照图层的修改时间先后顺序排列的，在列表的 name 字段上单击一次，列表将按照图层的名称按字母顺序升序排序，再次单击图层组将按照图层名的字母顺序降序排列。单击 store 字段，图层将按照数据集的名称排序。直接在搜索框中输入需要添加到图层组的图层的名称，直接按"回车"键也可以定位目标图层。在目标图层上单击，该图层将被添加到当前图层组内，添加的图层按照添加图层的先后顺序排列，最先添加的图层排列在最上面，最后添加的图层排列在最下面。用户使用时一般按照点图层、线图层和面图层的顺序，调节顺序点击列表上的位置按钮，⬆ 表示将当前图层向顶层移动一层，⬇ 表示将当前图层向底层移动一层。点击 ⊖ 按钮将删除目标图层。点击【保存】图层组新建完成。

图 7-70　编辑选中的图层组

7.4.5 样式

样式模块提供了用户通过自定义的方式来渲染 WMS 的图层样式的接口。点击数据模块下的样式，页面跳转到如图 7-71 所示界面：

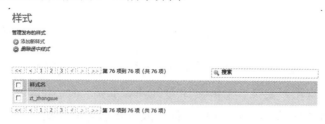

图 7-71　GeoServer 的样式模块

列表列出当前系统可用的样式名称。样式列表按照样式文件的修改时间先后顺序排列，单击样式名字段，列表将按照样式文件名的字母顺序升序排列，再次单击样式名字段，列表将按照文件名的字母顺序降序排列。在搜索框中输入样式名称可以快速定位到目标样式。

（1）删除样式

选中样式文件的复选框，点击删除，选中弹出的确认对话框的【确认】按钮即可删除目标样式。用户可同时选中多个样式文件进行批删除，只需将待删除的多个样式文件前的复选框选中，再点击【删除选中样式】即可。

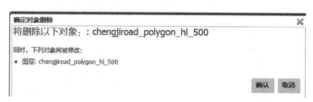

图 7-72　删除选中的图层样式

（2）添加样式

单击【添加新样式】，页面将跳转如图 7-73、图 7-74 所示界面：

图 7-73　为选中的图层添加新的样式

图 7-74 可以用一个已知的 SLD 文件作为模板

添加新样式允许用户定义一个新的 SLD（styled layer description），或者使用一个已知的 SLD 文件作为模板生成新的 SLD 文件，或更新已有的样式，该编辑器支持语法高亮与全屏显示，支持 SLD 语法的检查。

"名称"确定新样式的名称；"从已有样式中复制"允许用户选择一个已有的样式作为模板，点击复制，已有样式的代码将在编辑框中显示。编辑器支持高亮、查询、复制、粘贴、剪切、设置字体大小、查找与全屏等操作。用户可以手工编辑 SLD 代码，也可以借助模板定义 SLD 文件，也可以导入 SLD 文件，单击【浏览】按钮系统将弹出选择文件对话框，选择目标 SLD 文件点击【打开】即可添加新的 SLD 文件。

图 7-75 导入已经存在的 SLD 文件

对于编辑好的 SLD 文件，用户可以单击【检查】按钮，检查 SLD 文件是否有语法错误，如果正确无误在页面最上面出现如图 7-76 所示的提示：

图 7-76 检查 SLD 文件是否有语法错误界面

检查后点击【提交】按钮完成新样式的定义。

对于已有的样式，用户点击样式列表上样式文件，系统将进入样式编辑器，用户可以按照需求自行修改样式代码完成样式的更新操作。

样式文件手工编写是一个很复杂的工作，uDig 是一款开源软件，用户可以用 uDig 方便地对地图进行可视化的配色，方便编辑 SLD 样式文件。下面将介绍 uDig 的使用说明。登陆 uDig，点击【File】菜单【New】菜单下的【New Project】命令，新建一个工程，如图 7-77 所示。

图 7-77 uDig 新建一个工程界面

弹出【New Project】对话框，Project Name 设置新工程的名称，Project Directory 设置工程的路径，用户可以保持默认值，点击【完成】新建一个新的工程，如果登录 uDig 时已经有 Project，新建 Project 这一步可以省略，如图 7-78 所示：

图 7-78 新建 Project

右击 Project 面板下的【工程】，在弹出的菜单上选择【New Map】，如图 7-79 所示：

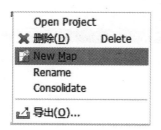

图 7-79 选择建立 New Map

在新建的地图上右击，在弹出的菜单中选择【Add】命令，如图 7-80 所示：

图 7-80　添加新的地图

弹出如下的对话框：

图 7-81　选择新的地图的数据来源

uDig 支持多种数据源，选择【Web Feature Server】命令添加待新建样式的图层，弹出如图 7-82 所示对话框：

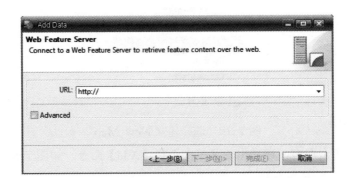

图 7-82　Web Feature Server 命令添加新的图层

URL 参数设置 WMS 的地址，输入地址：http://3s:8080/GeoServer/wfs，弹出如图 7-83所示对话框：

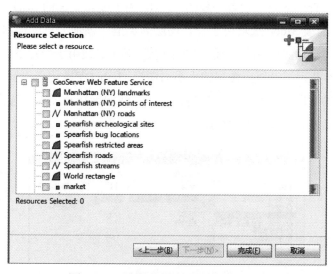

图 7-83 选择新添加图层的数据源

选中需要加载的图层前的复选框（支持多选），点击【完成 (F)】，相应的图层就被加载到工程中。Layers 面板将显示添加的所有图层，在相应的图层上右击，弹出如下的菜单：

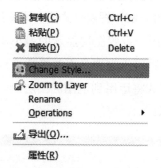

图 7-84 为新添加的图层改变样式

选中【Change Style】命令，弹出如下的对话框：

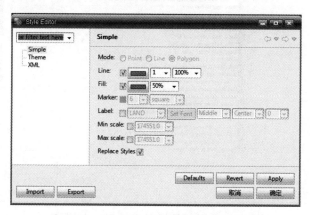

图 7-85 图层 SLD 样式编辑器

面板左侧的树列表提供个 3 个命令：Simple、Theme 与 XML。Simple 命令用于设置简单的图形样式，Theme 用于设置专题图，XML 用于编辑生成的 SLD 代码。

右侧 Simple 面板 Mode 选项用于设定图层的类型，该项为只读选项，Line 参数用于设置线图层和多边形边界的颜色、线宽与透明度。Fill 参数用于设定多边形填充的颜色和透明度。Marker 参数用于设置点图层的大小与图形。Label 参数用于设置地图标注的样式，可选参数为标注的字段名、字体、标注的位置、标注的旋转角度。点选【Set Font】按钮弹出字体设置对话框，如图 7-86 所示：

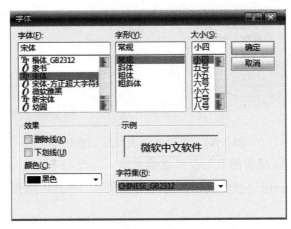

图 7-86　图层样式的字体设置

Maxscale 与 Minscale 参数用于设置图层显示的最小与最大比例尺（该参数为比例尺的分母值）。Replace styles 参数用于设置是否替换原有样式，默认为选中。设置好参数后点击【Apply】按钮，新的样式将运用到地图的图层上。

Theme 面板如图 7-87 所示：

图 7-87　样式编辑器中的 Theme 面板

Attribute 参数用于设置专题图分类的参照属性字段名，Classes 参数用于设置分类的类别数，Palette 列表列出了当前可选的颜色列表，单击某一颜色方案，弹出如下的界面：

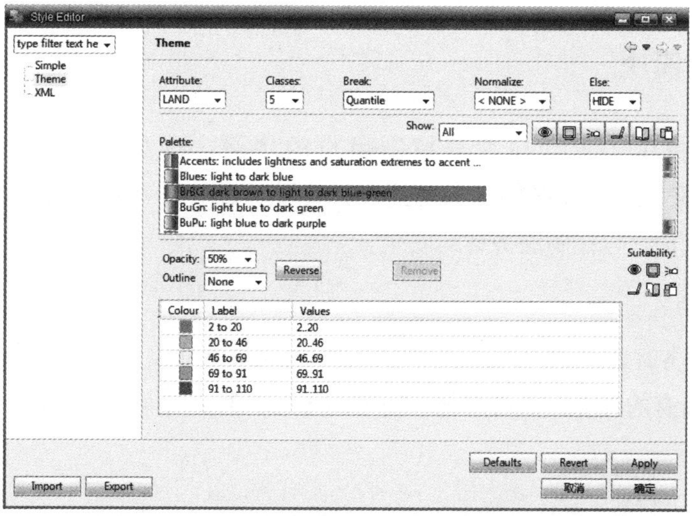

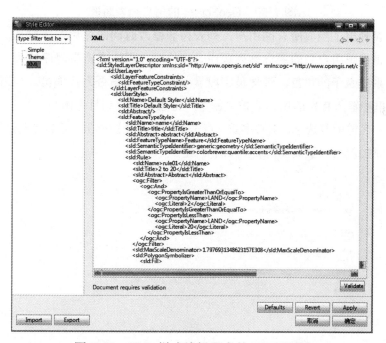

图 7-88　Theme 面板中的 Attribute 参数设置

Opacity 参数用于设置多边形边界的透明度，Outline 用于设置多边形边界的颜色。单击【Apply】按钮，多边形将按照 land 属性值分成 5 类，单击【XML】命令，显示如下的界面：

图 7-89　SLD 样式编辑器中的 XML 面板

根据用户的需求，可自行在编辑窗口中进行编辑，编辑完成后单击【Validate】按钮，检验代码是否正确，正确无误，可以将代码拷贝出来，粘贴在 GeoServer 的 style 的编辑窗口中，或者点击【Export】按钮将代码导出为 SLD 文件，再在 GeoServer 的 style 的编辑窗口中导入。

7.5 安全模块

GeoServer 提供了安全模块来控制用户的访问，该安全模块是基于角色的，GeoServer 创建角色用来服务特定的功能，如获取 WFS，读写特定的图层等。用户是和角色绑定在一起的，以控制服务访问安全。

7.5.1 用户

用户获取服务时是和角色联系在一起的，GeoServer预先定义了ROLE_ADMINISTRATOR角色，它提供所有的功能，点击安全模块下的【用户】，页面跳转到如下界面：

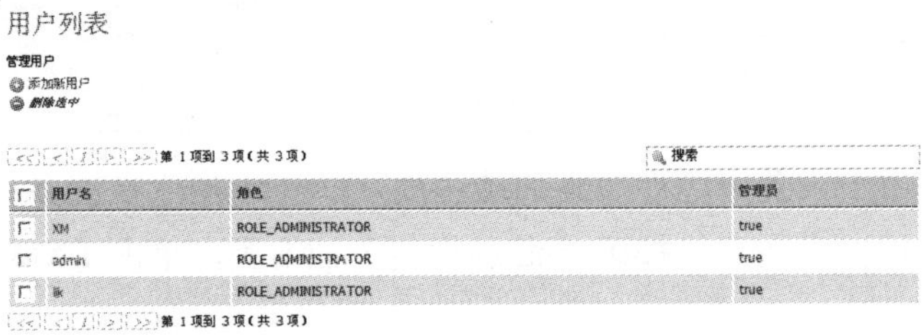

图 7-90　GeoServer 的用户列表面板

用户列表列出了当前所有的用户，列表按照修改时间的先后顺序排列，点击用户名字段，列表将按照用户名的字母排列顺序升序排列，再次点击将降序排列。角色字段显示当前用户系统赋予的角色，管理员字段显示当前用户是否为管理员。当用户很多时，可以在搜索框中输入指定的用户名按"回车"键直接定位到目标用户。

选中用户名前的复选框（支持多选）点击【删除选中】按钮即可实现删除特定的用户。

点击【添加新用户】页面跳转到如下界面：

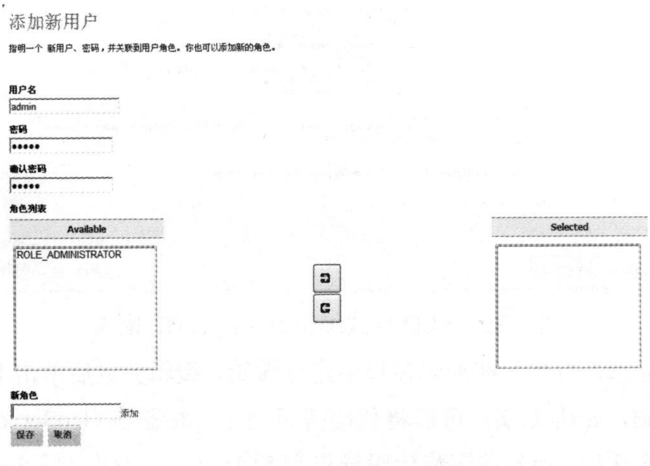

图 7-91　添加新的用户

用户名参数确定新添加的用户的名称；密码和确认密码确定密码；角色列表显示当前可用的角色，当没有用户想要的角色时可以在新角色的文本框内输入指定角色，然后点击【添加】按钮，新定义的角色将在可用的角色列表框中显示，在可用的角色列表框中选中目标角色单击 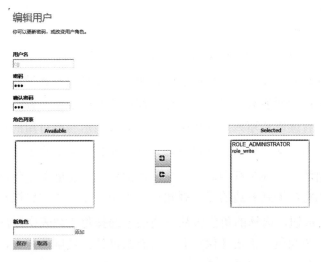 按钮，选择的角色将添加到右边的已选择角色列表中，在右边的已选择角色列表中选中目标角色单击 按钮，选择的角色将从右边的已选择角色列表中删除。可以一次给目标用户同时赋予多个角色。点击【保存】完成新用户的定义，页面将跳转到用户列表界面。

单击用户列表上的指定用户名，页面跳转到编辑用户界面，界面与添加新用户界面一样，界面如下：

图 7-92　编辑新添加用户的信息

7.5.2　数据安全

数据安全模块使用控制读写数据的方法来控制用户权限。点击安全模块下的数据安全，页面跳转到如下界面：

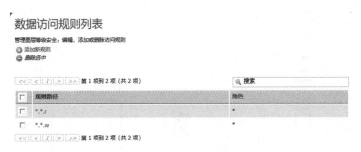

图 7-93　GeoServer 的数据安全模块

数据访问规则列表列出了当前可用的数据访问规则。

选中目标规则前的复选框（支持多选），单击【删除选中】即可删除指定的规则。

点击【添加新规则】按钮，页面跳转到如下界面：

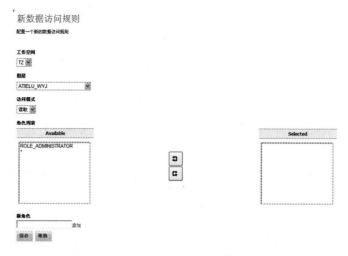

图 7-94　配置一个新的数据访问规则

　　"新数据访问规则"配置对数据的访问规则。工作空间参数设置添加新规则的图层所隶属的工作空间；图层参数确定当前工作空间中所有的图层名称；访问模式参数确定数据的访问权限，有读取和写入两种权限；角色列表显示当前可用的角色。当没有用户想要的角色时，可以在新角色的文本框内输入指定角色，然后点击【添加】按钮，新定义的角色将在可用的角色列表框中显示。在可用的角色列表框中选中目标角色单击 ➡️ 按钮，选择的角色将添加到右边的已选择角色列表中，在右边的已选择角色列表中选中目标角色单击 ⬅️ 按钮，选择的角色将从右边的已选择角色列表中删除。可以一次给目标用户同时赋予多个角色。点击【保存】完成新数据访问规则的定义，页面将跳转到数据访问规则列表界面。

　　单击数据访问规则列表上的指定规则，页面跳转到编辑已有数据访问规则界面，界面与添加新数据访问规则界面一样，界面如图 7-95 所示：

图 7-95　编辑已有的数据访问规则

7.5.3　服务安全

单击安全模块下的服务安全，页面跳转到如图 7-96 所示界面：

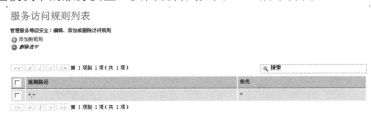

图 7-96　GeoServer 的服务安全模块

服务访问规则列表列出了当前可用的服务访问规则。

选中目标规则前的复选框（支持多选），单击【删除选中】即可删除指定的规则。

点击【添加新规则】按钮，页面跳转到如图 7-97 所示界面：

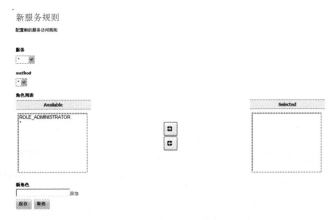

图 7-97　配置新的服务规则

"新服务规则"用于定义与配置新的服务访问规则。服务参数确定需要定制的服务类型，列表框提供 WCS、WMS 与 WFS 三种服务；method 参数定义服务支持的方法；角色列表显示当前可用的角色。当没有用户想要的角色时，可以在新角色的文本框内输入指定角色，然后点击【添加】按钮，新定义的角色将在可用的角色列表框中显示。在可用的角色列表框中选中目标角色单击 ![按钮] 按钮，选择的角色将添加到右边的已选择角色列表中，在右边的已选择角色列表中选中目标角色单击 ![按钮] 按钮，选择的角色将从右边的已选择角色列表中删除。可以一次给目标用户同时赋予多个角色。点击【保存】完成新服务规则的定义，页面将跳转到数据访问规则列表界面。

单击服务访问规则列表上的指定规则，页面跳转到编辑已有服务访问规则界面，界面与添加新服务访问规则界面一样，界面如图 7-98 所示：

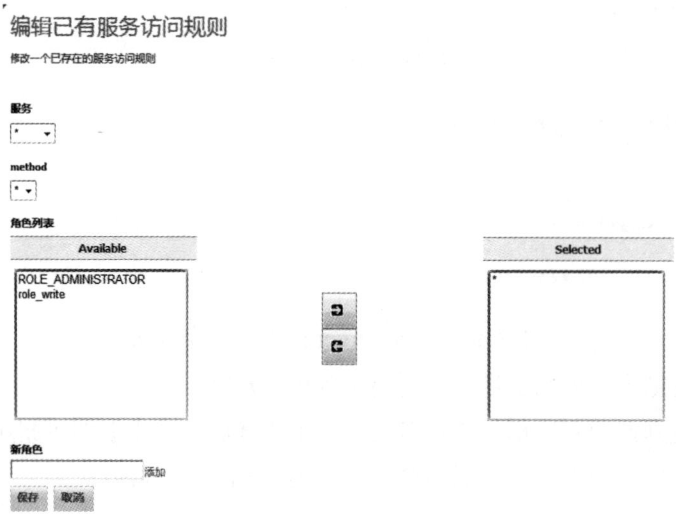

图 7-98　编辑已有的服务访问规则

7.5.4　目录安全

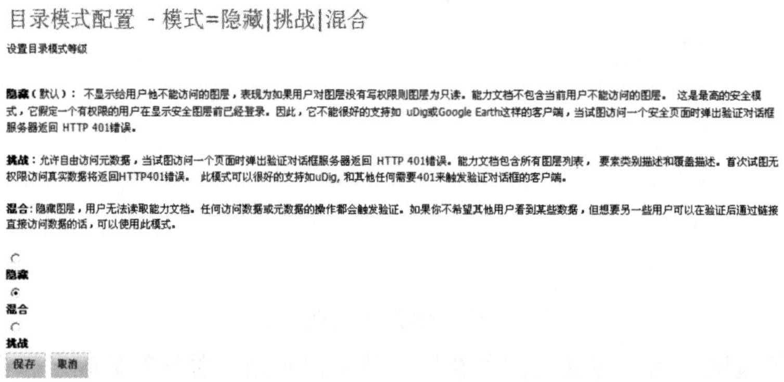

图 7-99　GeoServer 的目录安全模块

7.6　示例模块

点击示例模块页面跳转如下界面：

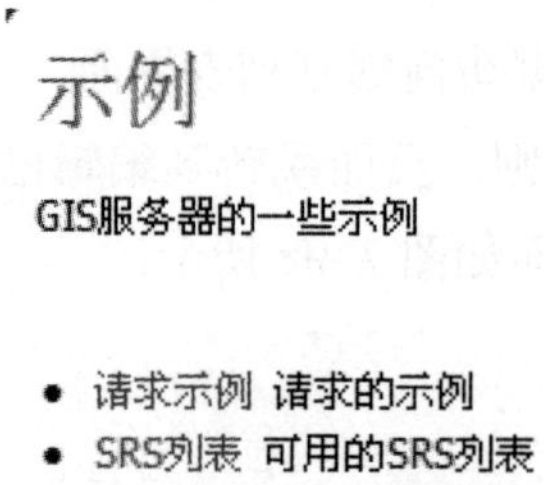

图 7-100　GeoServer 的示例模块

点击【请求示例】页面跳转到如下界面：

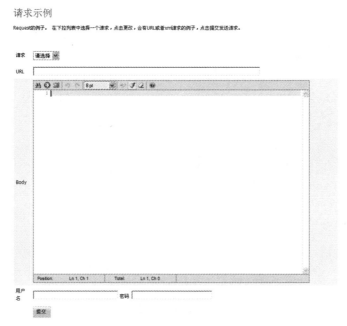

图 7-101　请求示例界面

点击【SRS 列表】页面将跳转到如下界面：

SRS 列表列出了坐标系统代码与描述信息，当用户在添加数据的时候如果不知道确定的坐标系统的代码，可以借助这个模块的描述信息来确定具体的坐标系统代码。用户可以在搜索框中输入特定的坐标系统的代码来定位目标坐标系统。单击 SRS 列表上的特定代码，页面跳转到坐标参考系统描述界面，如图 7-103 所示：

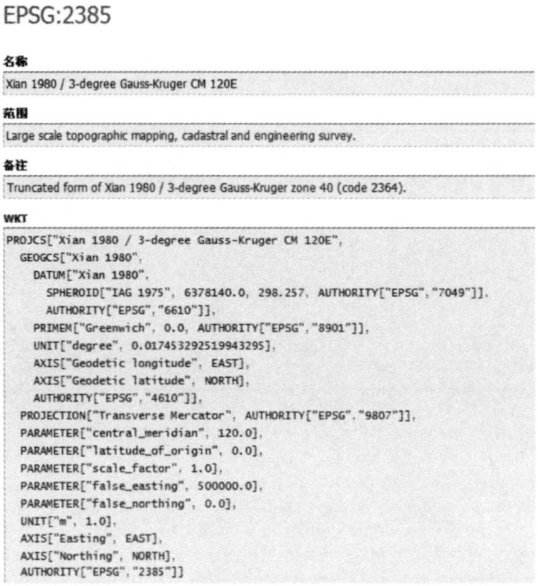
EPSG:2385
名称
Xian 1980 / 3-degree Gauss-Kruger CM 120E
范围
Large scale topographic mapping, cadastral and engineering survey.
备注
Truncated form of Xian 1980 / 3-degree Gauss-Kruger zone 40 (code 2364).
WKT
PROJCS["Xian 1980 / 3-degree Gauss-Kruger CM 120E",
GEOGCS["Xian 1980",
DATUM["Xian 1980",
SPHEROID["IAG 1975", 6378140.0, 298.257, AUTHORITY["EPSG","7049"]],
AUTHORITY["EPSG","6610"]],
PRIMEM["Greenwich", 0.0, AUTHORITY["EPSG","8901"]],
UNIT["degree", 0.017453292519943295],
AXIS["Geodetic longitude", EAST],
AXIS["Geodetic latitude", NORTH],
AUTHORITY["EPSG","4610"]],
PROJECTION["Transverse Mercator", AUTHORITY["EPSG","9807"]],
PARAMETER["central_meridian", 120.0],
PARAMETER["latitude_of_origin", 0.0],
PARAMETER["scale_factor", 1.0],
PARAMETER["false_easting", 500000.0],
PARAMETER["false_northing", 0.0],
UNIT["m", 1.0],
AXIS["Easting", EAST],
AXIS["Northing", NORTH],
AUTHORITY["EPSG","2385"]]

图 7-103　EPSG:2385 的描述信息

名称参数定义了当前坐标系统的名称；WKT 定义了当前坐标系统；区域有效性参数定义了当前坐标系统的适用范围。GeoServer 内置了一个地图浏览器，可以可视化地确定当前坐标系统适用的范围大小。

7.7 图层预览模块

图层预览模块显示所有已经发布的图层数据和图层组，单击【图层预览】模块，页面跳转到如图 7-104 界面：

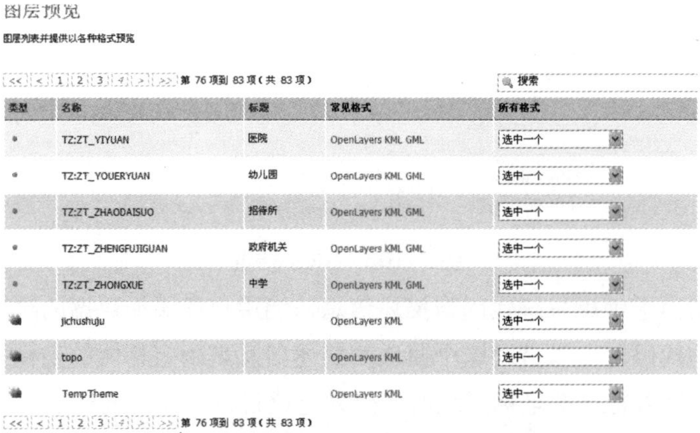
图层预览
图层列表并提供以各种格式预览
第 76 项到 83 项（共 83 项）
搜索
类型
名称
标题
常见格式
所有格式
TZ:ZT_YIYUAN
医院
OpenLayers KML GML
选中一个
TZ:ZT_YOUERYUAN
幼儿园
OpenLayers KML GML
选中一个
TZ:ZT_ZHAODAISUO
招待所
OpenLayers KML GML
选中一个
TZ:ZT_ZHENGFUJIGUAN
政府机关
OpenLayers KML GML
选中一个
TZ:ZT_ZHONGXUE
中学
OpenLayers KML GML
选中一个
jichushuju
OpenLayers KML
选中一个
topo
OpenLayers KML
选中一个
TempTheme
OpenLayers KML
选中一个
第 76 项到 83 项（共 83 项）

图 7-104　GeoServer 的图层预览模块

单个矢量图层提供了 OpenLayers、KML、GML 格式来浏览数据，单个栅格图层和图层组提供了 OpenLayers、KML 这两种格式来浏览数据。在所有格式下拉列表中还提供了如图 7-105 所示的格式：

WMS
- AtomPub
- GIF
- GeoRSS
- JPEG
- KML (compressed)
- KML (plain)
- OpenLayers
- PDF
- PNG
- SVG
- Tiff

WFS
- CSV
- GML2
- GML2-GZIP
- GML3
- GeoJSON
- Shapefile

图 7-105　其他浏览数据的格式

在搜索框中输入待浏览的图层名按“回车”键即可快速定位到该图层，点击常用格式下的【OpenLayers 格式】，页面将跳转到如图 7-106 所示界面：

Scale = 1 : 1M 481631.31746, 3635274.76363

SHIJIE

FID	SDE_BOUND2	PERIMETER	BOUND2_G_	BOUND2_G_I	CODE	PAC	NAME	POP	GDP
SDE.SHIJIE_NEW.2	0.10200528	2.48343799	52.0	91.0	610500.0	3.21284E7	姜堰市	92.0	55.0

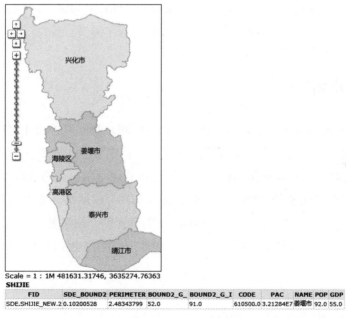

图 7-106　图层以 OpenLayers 格式预览已经发布的图层

点击上图中的“海陵区”放大地图区域，页面跳转为如图 7-107 所示界面：

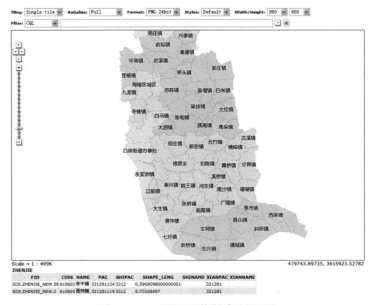

图 7-107　图层预览的高级设置

Titling 用于设置是否以切片模式浏览；Format 用于设置切片的格式；styles 用于设置样式；Width/Height 用于设置高度 / 宽度。操纵杆用于操作地图，⊞ 用于放大地图显示级别，⊟ 用于缩小地图显示级别，用于控制地图向右漫游，用于控制地图向左漫游，用于控制地图向上漫游，用于控制地图向下漫游。

7.8　本章小结

本章基于 SOA 的技术体系架构，在下一代互联网、物联网、云计算和智能对地观测传感器网络等快速发展背景下，地理数据和空间分析模型存在异质异构和语义不一致性等问题，需要提高其互操作和重用性，以实现分布式地理信息处理应用。OGC 的互操作标准 WMS、WFS、WCS 和 WPS，可方便实现分布式互联网络环境下的空间信息服务应用。本章以开源互联网 GIS 平台——GeoServer 为例详细介绍了基于 GeoServer 的地理空间信息网络注册、发布与使用的关键技术，实现地理空间信息网络访问和应用。

第 8 章　互联网 GIS 框架设计

随着物联网、云计算和地球观测系统等技术的出现和深入发展，数字城市和智慧城市的应用方兴未艾，并且已经显现巨大的社会价值。下一代互联网和物联网等网络和技术的发展，使得建立连接各种各样的传感器和无所不在的"泛在网"成为可能，也为各类数据的交互和信息通信提供了基础设施。以"软件即服务""计算即服务"和"平台即服务"为主要特征的云计算，能够广泛方便地提供各类高性能的计算分析能力和资源，经济且高效地配置各种接近无限的网络存储空间、信息资源和计算分析能力，为大规模和海量数据的处理应用提供了解决方案。地球观测系统，应用各种先进的航空航天遥感技术、全球定位导航技术和地理信息科学，为各种业务信息系统提供实时 / 准实时的空间数据，并且随着智能传感器网络、SensorML（Sensor Model Language，传感器模型语言）和传感器观测服务等传感器相关标准服务的推广应用，提供了"空—天—地"一体化的实时空间数据获取和处理解决方案。在此技术发展背景下，互联网 GIS 正在向更高智能化和精细化应用需求的智慧城市发展，并有力地促进了我国地理信息产业生态链的共享和繁荣，正逐渐形成新地理信息时代特征下的信息化测绘。分布式网络环境下的各类资源全面集成共享、按需服务和"一站式"管理成为地理空间信息集成共享和科学应用的新模式。

8.1　互联网 GIS 系统框架设计

为了实现多源多尺度海量地理数据的有效集成和互通，以统一的信息处理平台执行异质异构数据的查询、访问、分析和可视化，解决数据格式、结构和处理模型不一致造成的"信息孤岛"、应用系统使用和语义歧义等问题，需要建立多尺度地理数据共享框架，也即数字城市地理信息公共平台的框架。数字城市建设推进了地理空间信息在城市生活各方面的应用，为城市经济社会发展提供地理信息支撑和依据。数字城市建设的关键是建立一个基础地理信息数据库、一个地理信息公共平台和基于其上的一系列行业应用。

在此共享框架下，多尺度地理数据的更新将能够方便地调用多种类型源数据、跨分布式网络平台和集成语义的多种尺度数据的联动。同时，多尺度地理数据更新可以充分利用现有最新发展的分布式网络技术、SOA 架构、地理本体和 OGC 规范等，解决目前地理数据更新方式中存在的不足，实现有效的增量更新和联动更新。

8.1.1 互联网 GIS 框架逻辑模型

随着物联网、Web2.0、高性能云计算及空间对地观测技术的发展，按需服务的新地理信息时代已经到来，面向服务架构的地理信息公共平台可为用户提供互动的沟通服务（Goodchild M F，2007；李德仁和邵振峰，2009）。利用 Web Service 技术可对各种空间信息资源进行注册，并提供在线服务，对各种服务资源进行组合，可加工提取更高级的信息，提供更高智能化的服务（Elwood S，2008）。当前的地理信息共享存在数据格式多样、空间参考不一、系统重复建设、数据更新不能自动传递到相关的数据部门和分布式应用程序（Peng Z R，2005；C YANG 和 R RASKIN，2009）、信息丰富但共享程度不高等问题，需要从面向空间数据的共享发展到面向空间信息服务的共享集成（Zhang Chuanrong 和 Li Weidong，2005；Zhang Chuanrong 等，2010），选择 B/S 的分布式系统架构，研究基于多级异构空间数据库的地理信息公共服务机制（徐开明等，2008）。

地理数据资源存在异构型和很强的分布性，需要实现数据融合集成的有效方法，基于 Web Service 的分布式共享，提高地理数据和处理模型的访问性和重用性，可实现分布式网络环境下的地理数据和处理模型的互操作（杨慧等，2009；王艳军，2008；高秉博等，2010；张金区等，2010）。分布式地理资源融合集成是普适地理信息（史云飞等，2009）及公共平台的基础和目标，能够实现线性传递链状、共建共享星状和 web2.0 网状等空间信息服务模式（孙庆辉等，2009；郭群勇和王钦敏，2011）应用。多源、多尺度、多专题空间数据可通过发布为符合 OGC 互操作规范的 WMS、WCS 或 WFS，实现网络环境下的跨平台跨浏览器访问和调用。地理处理功能模型可发布为 WPS，实现"一次开发，重复操作"和跨系统平台集成。面向服务架构的地理信息共享中，分布式异质异构数据资源的互操作、实时在线更新和更新结果的自动传递是重要问题。

传统基于文件拷贝的共享存在三个问题：不同数据源、不同语义、不同模型和获取方法的数据共享常常需要数据转换或合并整合处理；一个数据源的更新不能自动传递到其他相关数据或应用系统；文件共享方式不能提供基于 Web 环境的要素级别数据搜索、访问和实时交换。

同时，传统的单机地理信息系统主要是根据已有空间数据和任务需求，建立空间数据库和消息交互格式，定义信息分析处理模式，实现地理处理任务。这样的系统以数据的拷贝或交换为共享基础，限制了部门应用和信息化建设。而在面向服务架构 SOA 中，主要包括三种角色：服务提供者、服务代理者和服务请求者，分别对应服务发布、查找和绑定三种行为。

地理信息公共平台作为一个整体，提供一站式服务，即服务提供者也可以定制和使用服务，服务使用者也可以向平台注册和发布自定义服务。在开放地理信息和互操作方面，OGC 已经制订了 WMS、WFS、WCS 和 WPS 等标准规范，提供了地理数据向方便访问和操作的 Web Service 转换的解决方案，并针对这些标准的地图服务，制订一系列的空间过滤规范和地理处理规范等。

　　本书设计的地理空间信息共享框架的逻辑模型（图 8-1），可将 SHAPE 结构的空间数据文件、ORACLE 空间数据库或 PostgreSQL 数据库等分布式存储的地理数据，通过分布式 GIS 服务器，发布为符合 OGC 规范的数据服务和功能服务，实现分布式空间信息的共享和互操作。基于该逻辑模型，扩展地理处理功能，可建立数字泰州地理信息公共平台，实现高级的空间信息互操作和在线更新，并实时传递更新结果到分布式的应用系统中。

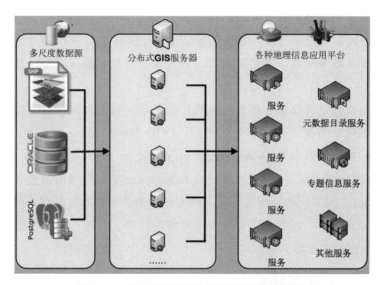

图 8-1　地理空间信息共享框架逻辑模型

8.1.2　互联网 GIS 的系统框架

　　数字城市地理空间框架和地理信息公共平台建设是国家测绘局当前重要战略，正在全国部分城市紧张推进。利用 Web　Service 技术可对各种空间信息资源进行发布，以提供在线服务，对多种服务进行组合，可加工提取更高级的信息，提供更高智能化的直播式空间信息服务（李德仁等，2010；张永生，2011）。当前的地理信息共享存在数据源异质异构、格式多样、应用系统重复建设且封闭（Peng　Z　R，2005；C　YANG 和 R RASKIN，2009）、信息丰富但共享程度不高等问题。因此，需要从面向空间数据的共享发展到面向空间信息服务的共享集成（李德仁等，2008），选择 B/S 的分布式系统架构，基于多级异构空间数据库的地理信息公共服务机制（徐开明等，2008），实现可为社会各部门提供空间参考和地理位置等基础服务的地理信息公共平台。

　　面向空间信息服务的数字城市地理信息公共平台，主要目的就是为解决多源数据的集成、信息跨平台和共享等问题。

8.2 互联网 GIS 系统平台构建

地理信息系统（GIS）随着计算机信息技术而不断发展，基于网络技术形成了分布式网络处理的 Web GIS，但由于系统构建方法不同，数据异质异构，不利于跨平台互操作。在数字城市地理空间框架建设推动下，空间数据处理分析需求不断增长，GIS 发展为开放互操作的地理信息平台，地理信息应用已深入到国土、规划、公安、水利等经济社会领域，并向着更高效灵活和智慧化方面发展。基于 SOA（service-oriented architecture，面向服务架构）的地理信息公共服务平台，在下一代互联网、物联网、云计算和智能对地观测传感器网络等快速发展背景下，将不同应用功能单元的服务以模块化排列组合，以形成高级空间分析处理服务链，避免传统的数据更新、运行维护和升级改造所带来的重复建设和资源浪费等问题，是当前地理信息公共平台及智慧城市空间基础设施建设的重要研究内容。

地理数据和空间分析模型存在异质异构和语义不一致性等问题，需要提高其互操作和重用性，以实现分布式地理信息处理应用。OGC（open geospatial consortium，开放地理信息联盟）的互操作标准 WMS（web map service，网络地图服务）、WFS（web feature service，网络要素服务）、WCS（web coverage service，网络覆盖服务）和 WPS（web processing service，网络地理处理服务），可方便实现分布式网络环境下的空间信息服务应用，基于 SOA 和 OGC 标准，研究空间信息服务注册、发现与组合关键技术，实现地理空间信息链的构建和典型应用。

8.2.1 地理空间信息链原理

地理空间信息链是空间信息服务的序列，其每个服务对中，前一个服务是后一个服务执行的必要条件，且服务链具备服务的再查找、组合和执行能力，无须管理维护基础数据和服务，即可按需查找和绑定空间信息服务，执行高级复杂的空间分析任务。Web Service 技术引入空间信息领域，结合 SOA 形成服务 GIS，与传统组件化 GIS 相比，便于网络环境下的数据获取、集成和共享，有利于应用系统快速构建；与 Web GIS 相比，能够灵活地克服地理处理模型和语义异构等问题。地理空间信息链实现分布式空间信息服务的有效利用和自由组合，是地理信息服务化的发展方向。

丰富的数据和功能服务是地理信息链构建的基础，如何发现所需的服务、将数据和单一功能的原子服务有效组合是研究的重点方面。OGC 总结空间信息服务的分类体系，提出三种类型的服务链：透明链，半透明链和不透明链，研究者已有详细探讨。地理空间信息链研究涉及空间信息服务注册与发现、按需定制 UDDI（universal description, discovery and integration，统一描述、发现和集成）、服务组合和工作流引擎等关键技术，成果主要集中在空间信息服务目录、基于工作流的服务链流程描述和 BPEL4WS（BPEL for web services，网络服务业务流程执行语言）的服务链体系结构，实现地理空间信息链的业务流程定制、管理和执行的自动化。

重点探讨多源多尺度地理空间信息链框架结构（图 8-2），将分布式服务动态组合按需集成完成特定任务，并基于数字城市地理信息共享服务平台验证地理空间信息链的应用。

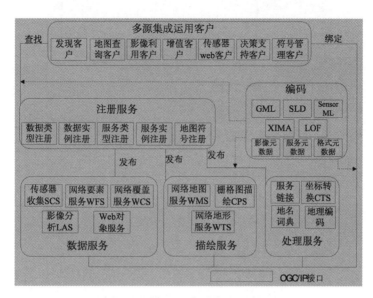

图 8-2　地理空间信息链框架结构

8.2.2　空间信息服务注册与发现

空间信息服务的注册与发现机制主要是方便查找和发现服务，从分布式网络环境下庞杂的服务集中高效准确地发现所需服务。空间信息服务注册是将空间数据和处理功能的服务元数据注册到 UDDI，一般采用两种方式：一是建立私有服务目录注册中心，二是采用通用 UDDI 注册中心。前者是 OGC 注册中心，以相对复杂的空间信息服务为描述对象，多采用专用的通信协议和接口，与通用注册中心兼容性差，阻碍信息互操作；后者是基于 XML 和 HTTP 存储地理数据和空间信息服务，采用基于 ebXML 注册信息模型，针对空间信息服务定制注册内容，更好地满足空间信息领域的独特要求。因此，需要兼顾两者设计空间信息服务注册中心，结合私有服务目录注册中心和通用 UDDI 的优势，在标准网络通信与请求协议基础上充分体现空间信息服务的领域特征。

空间信息服务注册中心以服务元数据为注册信息，支持在线发布、发现和绑定，实现结构见图 8-3。注册中心目录服务存储服务元数据，提供服务的发现和管理功能以实现检索和注册接口。采用 UDDI 扩展数据结构和服务访问，以增强功能实现空间信息服务私有和通用的注册中心的统一，主要有两种实现方法：

①将空间信息服务注册到 OGC 注册中心。私有注册中心作为通用 UDDI 的节点添加到通用注册中心，通过 OGC 中规定的访问协议发现和调用空间信息服务。

②将 OGC 私有的空间信息服务注册到 UDDI，用户直接通过通用 UDDI 查询和访问已注册的空间信息服务或非空间信息服务。

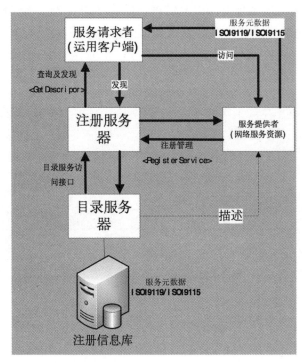

图 8-3　OGC 服务注册实现结构

8.2.3　按需扩展定制描述 UDDI

现有的 UDDI 提供了三种核心的分类标识系统：北美工业分类系统，通用标准产品和服务产品、地理区域分类法。UDDI 描述虽增加地理位置分类法和网络地理分类法，但仅针对区域进行划分，不能体现空间信息服务的特征，造成查全率和查准率较低的问题。使用地理区域分类法对 UDDI 进行按需扩展定制描述，可实现数据服务和地理处理服务的自动分类。

私有和通用注册中心具有相同结构的服务注册和发现方法，实质是将空间信息服务元数据发布到私有注册中心，需要考虑与数据紧密耦合和与数据松散耦合的服务（见图 8-5），前者不仅要注册服务本身的元数据，还需要与之相关数据的元数据。按需扩展定制实现服务注册和发现的工作流程为：

①服务提供者将分类信息发布注册到目录中心，并注册其校验服务；

②使用空间信息服务分类方法对服务进行分类；

③服务使用者查找服务，目录中心发现并调用空间信息服务分类法校验。如果成功，服务实体包含的分类信息则标记为已校验，同时返回空间信息服务结果集合。

根据具体数据服务和应用特点，空间数据有按类型和按比例尺分类方法，结合 ISO 和 OGC 对空间信息服务的分类，则空间信息服务可分为描绘服务、注册服务、数据服务和处理服务四大类，对每一种分类法进行设计，定义其名称、层次结构和分类编码规则，存储为 XML 文档，供目录中心调用。分析 ISO 和 OGC 对空间信息服务分类，可发现前者是从信息的角度划分，后者则是从具体应用角度划分。本节综合参考二者的优势，建立具体的分类编码规则：采用三位阿拉伯数字表示空间信息服务的一层，子类节点的编码在父类基础上进行扩展，如处理服务在第一层第三位编码为 003，空间分析服务在父类空间处理服务下的第三位，则编码为 003003。

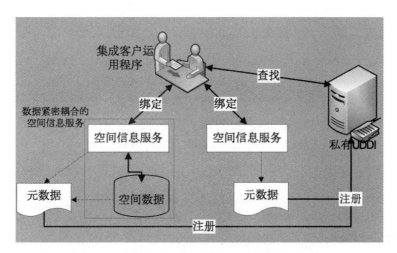

图 8-4　空间信息服务注册与发现的框架结构

8.2.4　空间信息服务组合方法

空间信息服务组合是将若干个功能互补的地理数据和处理模型服务按一定顺序排列组合，协同完成复杂的空间分析任务，常结合工作流技术进行管理。工作流是能够自动或半自动完成执行的经营过程，使得空间信息服务根据一系列过程规则、文档或任务能够在不同执行之间传递与执行。

空间信息服务工作流，管理空间信息和非空间信息及其处理过程，由执行任务的活动及其处理的数据构成，其逻辑关系构成空间处理过程的控制流，前一活动的输出流作为后一活动的输入流。BPEL 为基于 XML 的描述业务流程和交互的编程语言，流程中的每一活动由 Web Service 具体实现，包括两种类型的业务流程：可执行流程，定义了内部具体任务和相应处理接口，整个流程能够被引擎执行；抽象流程，详细定义了公共的消息交换方法，但没有内部具体细节，不能被引擎直接执行。

工作流参考模型，对具体的业务流程的抽象化表示，定义工作流交互的构成接口，包括流程定义工具、工作流引擎、工作流执行服务、调用应用程序、客户端应用和监控管理工具。空间信息服务工作流建模将具体的业务流程进行形式化表示，由过程、活动和子过程三个实体组成，并应用组成、先序、集成和引用等描述流程过程之间关系。Petri 网是由表示状态及状态变化的元素组成的网状信息流模型，工作流网根据 Petri 网性质，定义顺序、并行、选择和循环四种过程逻辑，同时定义与分叉、与合并、或分叉和或合并四种构造模块，其中与分叉、与合并表示并行过程逻辑，或分叉、或合并表示一个选择过程逻辑。

以空间信息服务为节点，基于工作流参考模型定义服务之间的逻辑关系，形成服务组合的顺序、并行、选择和循环四类逻辑结构，其示意见图8-6，执行详细过程为：（1）顺序结构，由按照前后顺序执行的过程组成；（2）并行结构，由同时并发执行的分支过程组成，由与分叉和与合并组成；（3）选择结构，彼此过程之间具有相互排斥关系，并添加约束条件以从中选择一个或多个过程执行，由或分叉、或合并组成；（4）循环结构，某一个过程变迁在给定的条件下可反复执行多次，直到满足结果条件。

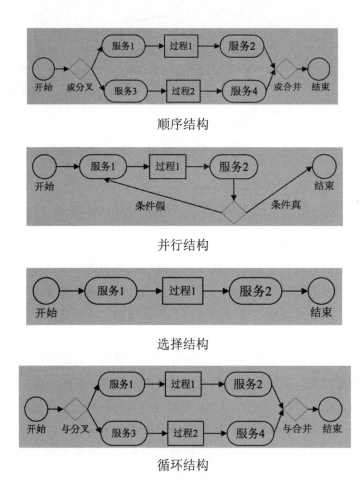

顺序结构

并行结构

选择结构

循环结构

图 8-5　地理空间信息链模型逻辑结构

8.3　地理空间信息链典型应用实现

8.3.1　地理空间信息链参考模型

地理空间信息链将多个可用的单位服务按照一定的流程规则，组合形成功能复杂且可执行的服务，按需满足信息和知识请求，实现空间信息服务增值。应用工作流参考模型管理地理空间信息链，实现空间信息服务工作流的建模、组合、发布、执行和监控，结合 SOA 架构和工作流参考模型，对地理空间信息链参考模型进行改进设计，主要由以下五部分组成：

①服务链引擎，负责流程实例的生成和执行；

②服务链请求者，调用服务链的客户端及应用程序；

③服务链定义，负责生成服务链的业务流程；

④服务链管理和监控，负责监控整个服务链生命周期中流程的执行情况；

⑤空间信息服务，为服务链提供数据和处理功能。

地理空间信息链参考模型，为空间信息服务的相互组合提供模型支持。以城市建设铁路规划分析应用为例，目的是实现城市某区土地资源管理的铁路规划拆迁分析，需要操作高分辨率航摄影像、基础地形图、规划红线、土地利用规划、叠置分析、缓冲区分析和分级统计等数据信息模型。在实际中，这些数据资源和计算模型分别由不同业务部门组织和管理，且数据格式、结构、算法和工具等存在不一致，常难以满足方便快捷、重复和跨平台辅助科学决策，构建地理空间信息服务链构（图 8-6）。

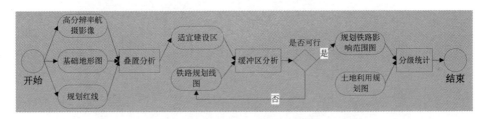

图 8-6　城市建设铁路规划分析服务链

①按照顺序结构、并行结构、选择结构或循环结构，依据任务需求组合形成空间信息服务链；

②请求者通过网络在线调用各类数据资源和空间分析工具，向地理空间信息链引擎提交请求；

③地理空间信息链引擎接受请求后，实例化步骤 1 定义的业务流程，具体访问 WMS、WCS 数据和 WPS 地理处理方法，逻辑执行并将处理的结果（需要的地理要素和专题信息）返回客户端；

④在地理空间信息链引擎执行工作流程时，服务链执行管理工具则记录、监控和反馈执行过程信息，并及时与地理空间信息链引擎和请求者通信。

8.3.2　典型地理空间信息链实现

根据上述的地理空间信息链参考模型，结合城市建设铁路规划分析典型应用，搜索位于城市某区的规划铁路沿线 50 米范围内的所有土地利用和建筑房屋数据，并统计分析拆迁结果信息。实现原理为：先在地图上通过点选、框选或缓冲区查询获取地理要素；再应用 WFS 的 GetFeature 接口中的 GetFeatureIntersects 方法，将上述获取的要素和行政区做相交查询，获取城区结果数据。

　　具体地，调用 Intersection 服务将获取的城区多边形要素和铁路图层数据做相交查询，获取某区内的铁路线。调用 buffer 服务做获取的某区内铁路线的 50 米范围缓冲区，获取规划铁路影响范围 A。再调用 Intersection 服务将 A 和该区居民地数据做相交查询，获取落入铁路 50 米范围内的房屋数据，是为拆迁分析结果。调用 Intersection 服务将 A 和该区土地利用数据层做相交查询，获取落入铁路 50 米范围内的土地数据，对结果土地数据按照地块类型进行统计输出，是为征地分析结果。规划铁路影响范围 A 和检索的待拆迁房屋结果见图 8-7，即图中阴影遮挡区域；拆迁分析服务链的待征收的土地分类及其面积统计结果见图 8-8，地理空间信息链分析可一步执行，多种结果一目了然。

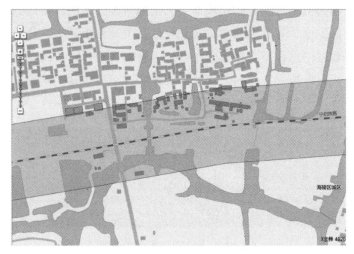

图 8-7　房屋拆迁分析结果

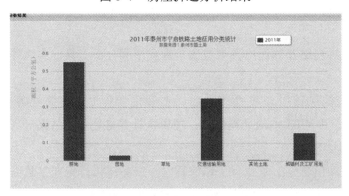

图 8-8　拆迁分析土地征用统计

　　面向服务的体系架构为地理信息系统的数据共享和功能共享提供了新的体系架构和概念模式。面向服务的体系架构将各类网络资源以服务规范形式发布，提供标准调用接口，实现业务逻辑和执行过程的分离。针对空间信息服务借鉴 SOA 思想，将网络数据和地理处理模型作为原子服务进行统一注册、发布和调用，基于工作流参考模型设计了空间信息服务组合的逻辑结构。实际应用中，网络中存在大量相互独立的地理信息服务，如何有效地检索和编排所需服务并反馈结果仍需要深入研究。

　　SOA 为地理空间信息链提供了架构的支持，Web Service 技术为地理空间信息链提供了具体的实现技术，OGC 的各种服务规范提供了地理空间信息链的规范依据，工作流引擎提供了地理空间信息链的流程定义和控制。本节以地理空间信息链的构建与应用为研究内容，着重探讨了地理空间信息链的原理及其关键技术，对空间信息共享和增值服务进行了有益尝试，设计了地理空间信息链参考模型并应用典型案例进行实践验证。地理空间信息链是分布式网络环境下地理信息发展的新趋势，是数字城市和智慧城市建设的重要支撑，以实现空间信息的按需服务和主动推送。地理空间信息链构建开放互操作的地理信息基础设施，可为地理信息的网络化、普适化、服务化应用打下坚实基础。

8.4　互联网 GIS 系统数据库设计

　　空间数据是对空间事物的描述，空间数据实质上就是指以地球表面空间位置为参照，用来描述空间实体的位置、形状、大小及其分布特征诸多方面信息的数据。空间数据是一种带有空间坐标的数据，包括文字、数字、图形、影像、声音等多种方式。空间数据是对现实世界中空间特征和过程的抽象表达，用来描述现实世界的目标，记录地理空间对象的位置、拓扑关系、几何特征和时间特征。

8.4.1　空间数据类型

　　空间数据的来源广泛、类型繁多，概括起来主要有以下几种类型：

　　地图数据。来源于各种类型的普通地图和专题地图，这些地图的内容丰富，而且图上目标物间的空间关系比较直观，很容易区别，实测地形图还有很高的精度。

　　地形数据。来源于地形等高线图的数字化，包括已建立的 DEM（数字高程模型）和其他实测的地形数据等。

　　影像数据。主要来源于遥感图像和航空影像，包括多平台、多层面、多种传感器、多时相、多光谱、多角度和多分辨率的遥感影像数据。构成多源海量数据也是 GIS 的最有效的数据源之一。

　　属性数据。来源于各类调查报告、实测数据、文献资料、解译信息等。

　　空间数据根据表示对象的不同，又具体分为七种类型，具体内容如下：

　　① 类型数据，如考古地点、道路线、土壤类型的分布等；

　　② 面域数据，如随机多边形的中心点、行政区域界线、行政单元等；

　　③ 网络数据，如道路交点、街道、街区等；

　　④ 样本数据，如气象站、航线、野外样方分布区等；

　　⑤ 曲面数据，如高程点、等高线、等值区域等；

　　⑥ 文本数据，如地名、河流名称、区域名称等；

⑦ 符号数据，如点状符号、线状符号和面状符号（晕线）等。

8.4.2 空间数据表示方法

地理空间数据以点要素、线要素、面要素来表示它们的位置、形状、大小等状态信息。点要素用一个坐标（X，Y）来表示，并且对应一个以上的属性信息，点要素不能再分。线要素是把具有相同或者相似属性的一些点的轨迹用坐标序列表示出来，如道路、边界线、地物轮廓线都可以用线要素表示，线上的各点之间最少有一个公共属性，线要素也包含连接两个节点的弧段。面要素一般是指由线要素包围得到的区域，可以由具有相同属性信息的点用系列坐标来表示。

8.4.3 空间数据库的概念设计

空间数据库是指在关系型数据库（DBMS）内部地理信息进行物理存储，并允许多用户访问数据库，多个用户可以同时读写同一个、共享的数据库。空间数据库技术主要解决的是空间数据与应用程序间的连接访问问题，更具体地说，空间数据库技术解决的是空间数据在关系型数据库的存取问题，其主要特征有以下几点：

（1）综合抽象特征

空间数据描述的是现实世界中的地物和地貌特征，非常复杂，必须经过抽象处理，应对不同的数据库，空间数据的抽象性还包括人为的取舍数据。在不同的抽象中，地物表示可能有不同的语义。例如，河流即可以被抽象为水系要素，也可以被抽象为行政边界，如省界、县界等。

（2）非结构化特征

在当前通用的关系数据库管理系统中，数据记录一般是结构化的，即它满足关系数据模型的第一要求，也就是说每一条记录是定长的，数据项表达的只可能是原始数据，不可以嵌套记录，而空间数据则不能满足这种结构化要求。若将一条记录表达成一个空间对象，它的数据项可能是变长的。例如，1 条弧段的坐标，其长度是不可限定的，它可能是 2 对坐标，可能是 10 万对坐标；1 个对象可能包含另外的 1 个或者多个对象，例如 1 个多边形可能含有多条弧段。

（3）分类编码特征

一般而言，每一个空间对象都有一个分类编码，而这种分类编码往往属于国家标准或者行业标准或者地区标准，每一种地物的类型在某个 GIS 中的属性项个数是相同的。因而在许多情况下，一种地物类型对应一个属性数据表文件。

（4）复杂性与多样性

空间数据源广、量大，时有类型不一样、数据噪声大的问题，选取挖掘的样本数据时，合理而准确的抽样是至关重要的，样本大不但降低了抽样效率，而且增加了后续工作的复杂性；样本小则又存在样本不具有代表性、准确性不高的问题，所以需要有效的抽样技术解决大型数据库中抽样问题。

8.4.4　空间数据库设计过程

空间数据库的设计是一件相当复杂的任务，为有效地完成这一任务特别需要一些合适的技术，同时还要求将这些设计技术正确地组织起来，构成一个有序的设计过程。

设计技术和设计过程是有区别的。设计技术是数据库设计者所使用的设计工具，其中包括各种算法、文本化方法、用户组织的图形表示方法、各种转化规则、数据库定义方法及其编程技术；设计过程确定了这些技术的使用顺序。例如，在一个规范的设计过程中，设计人员要用图形来表示用户数据，再使用转换规则生成数据库结构，下一步再用某些确定的算法优化,这些工作完成后,就可以进行数据库的定义工作和程序开发工作。考虑按照规范化的设计方法设计空间数据库，一般分为需求分析、概念设计、逻辑设计、物理设计、数据库实现、数据库运行和维护六个阶段。

空间数据库建立是一个费时间、费人力、成本高的工作，通常会耗费开发人员大量的精力。一般要经过资料准备、预处理、数据采集、数据处理和数据库建库等阶段，具体流程图如图 8-9 所示：

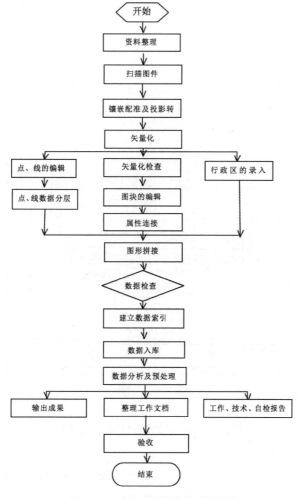

图 8-9　空间数据库建立过程

8.5 互联网 GIS 系统数据集成应用

结合实际情况，互联网 GIS 系统数据集成主要以网络设施和计算存储设施为支撑，以自然资源和空间地理信息为基础，综合采用现代计算机技术、通信技术、GIS 技术、数据集成技术等，以共建共享的管理模式，实现在线共享各种自然资源和空间地理信息数据和服务。采用统一的管理架构，将多类型、多时相、多分辨率的自然资源和空间地理信息与电子政务信息有机地组织起来，实现海量信息的高效管理与持续更新，并在信息共享机制和政策法规框架下，实现各个部门之间便捷、高效、安全的数据交换和共享服务。数据集成应与电子政务系统相衔接，相互之间可进行业务协同处理。总体体系架构见图 8-10。

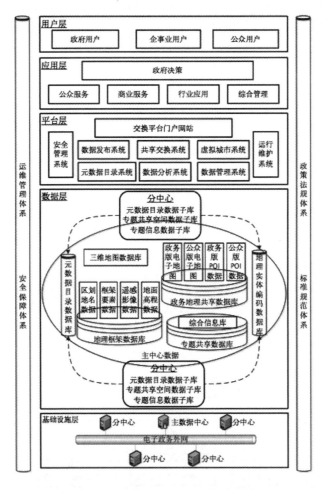

图 8-10　数据集成总体体系架构

各部分说明情况如下：

基础设施层：自然资源和空间地理基础数据库依托政务外网，建立由一个主数据中心结点和多个分数据中心结点组成的互联互通的基础网络硬件体系，并通过政务外网的互联平台，向政务外网用户和社会公众用户提供空间信息服务。

数据层：自然资源和空间地理基础数据库按照统一的时空框架、统一的信息分类编码体系、统一的数据交换平台、统一的信息资源目录体系、统一的面向对象数据组织等五个统一的要求，采用现代管理方法和手段，对数据进行标准化、规范化的数据整合，建立 1 个主数据中心和水利、国土、环保等行业数据分中心两级数据库。主数据中心数据库包括综合信息库 9 个、信息子库 15 个、政务空间共享数据库 1 个，其中综合信息库包括基础地理综合信息库、遥感影像综合信息库、自然资源综合信息库、资源环境遥感动态监测综合信息库、自然灾害监测预警和突发事件应急反应综合信息库、资源安全动态评估预警综合信息库、城市规划信息库、重大基础设施及生态工程监测综合信息库等。信息子库，包括基础地理信息子库、城市规划信息子库、土地与矿产信息子库、水利信息子库、环保信息子库、海洋与渔业信息子库等。政务空间共享数据库，包括政务电子地图、公众电子地图、三维仿真库、POI 数据库。分数据中心包括 15 个信息分库及子库，包括基础地理信息分库与子库、城市规划信息分库与子库、土地与矿产信息分库与子库、水利信息分库与子库、环保信息分库与子库、海洋与渔业信息分库与子库等。

平台层：自然资源和空间地理基础数据库平台层是一个连接主中心信息库、各分中心信息子库的分布式空间信息共享支撑系统，它主要在分布式及多源异构的数据资源环境下提供数据汇聚、数据发现、数据访问和数据服务等功能，为各类用户和应用系统提供广泛有效的空间数据共享和交换服务。

应用和用户层：主要基于自然资源和空间地理信息数据库提供的功能服务和数据服务的用户群体，包括公众用户、企业用户、政府用户。主要应用包括公众应用、企业应用、行业应用，以及综合管理应用，形成面向政府领导决策的应用体系，通过平台服务模式满足各类用户对自然资源和空间地理信息的需求。

保障体系：主要包括远程管理体系、政策法规体系、标准规范体系、安全保障体系等四大部分。保障体系是自然资源和空间地理信息数据库建设及信息共享在政策层面上的重要支撑障，建立、健全与自然资源和空间地理信息数据库相关的政策法规、管理制度是建设的基本内容。

8.5.1　空间数据集中与分布模式

自然资源和空间地理基础数据库的空间数据交换共享的整合模式采用"物理集中与逻辑集中相结合"的模式。此模式可有效弥补"完全物理集中模式"与"完全逻辑集中模式"的缺点，如图 8-11、表 8-1 所示：

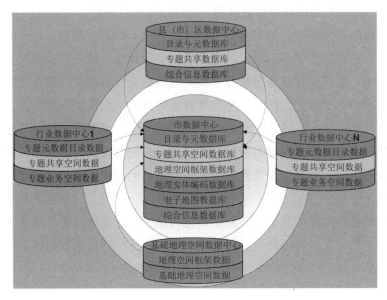

图 8-11 物理集中与逻辑集中相结合的模式

表 8-1 空间数据分布模式比较

数据整合模式	优 点	缺 点
物理集中	将所有数据全部物理集中到主数据中,由数据中心统一存储、管理、服务,数据冗余小,访问效率优	实施起来比较复杂、投资大、时间长,数据整合难度大、更新困难,对于传统的 C/S 或 B/S 架构的应用系统,很难实施完全整合方案
逻辑集中	将数据完全分布地存放于各行业数据中心中。主数据中心仅存放目录与元数据库。实施简单、不需要集中投资、见效也快	对各行业数据中心的要求较高,同时由于各行业数据中心的数据库仍然是自我封闭的,数据结构不透明,无法满足深层次的资源共享与交换
物理集中与逻辑集中相结合	既避免了物理集中模式的庞大工程量也解决了逻辑集中模式的数据资源无法深层次共享的问题	对主数据中心有较高要求,需要建立覆盖各行业的交换标准规范

主数据中心的地理空间信息资源不仅仅来自测绘部门。测绘部门形成的地理空间框架数据由测绘部门负责生产、更新、维护。来自其他非测绘部门的地理空间信息资源有些是部门专属的专题业务空间数据,一般不为其他行业或部门使用;而另外一部分专题共享空间数据则在电子政务协同中起着基础、公用的重要支撑数据的作用。针对不同类别的地理空间信息资源分别采用不同的整合模式,如图 8-13 所示。

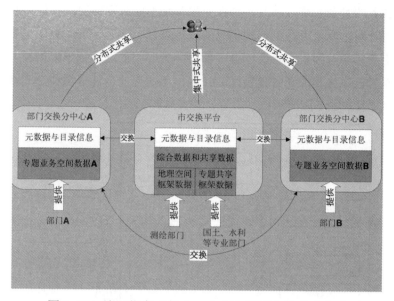

图 8-12　地理信息"集中—分布"相结合的共享方式

（1）集中式共享

主数据中心对地理空间框架数据、专题共享空间数据、综合信息库、电子地图数据、三维景观数据等进行集中维护。由于政府部门、企事业单位和社会公众对上述数据的使用非常频繁，同时这类数据具有数据量大、联动更新范围广、更新成本高的特点，因此需要在主数据中心进行集中管理。各部门按照数据更新周期定期与主数据中心交换专题共享空间数据，交换平台依据统一的技术标准对这些地理信息数据进行集中整合后，以FTP、XML Web 或 Web Service 方式发布框架数据，为政府部门、企事业单位和社会公众提供地理空间信息服务。

（2）分布式共享

对于各部门各行业专属的专题业务空间数据，互联网 GIS 平台允许通过元数据和目录信息共享的方式实现分布式共享。其原理为：各部门各行业的交换节点向市交换平台交换元数据与目录信息；市互联网 GIS 平台通过元数据管理和目录信息管理组件将其整合到元数据和目录数据库中，并以统一界面向外部节点提供元数据服务和目录服务。在这种方式下，市互联网 GIS 平台并不拥有部门和行业专属的专题地理信息资源，而是通过元数据和目录服务作为"广告牌"，将用户引导到地理信息资源的发布源，从而实现分布式的地理空间信息服务。

市互联网 GIS 平台中基础地理空间信息主要由市级、县级分中心进行维护和更新。和行业专属专题地理信息一样，市级、县级分中心通过发布元数据和目录信息实现基础地理信息的分布式共享。

8.5.2　多级共享交换模式

自然资源和空间地理信息互联网 GIS 平台是一个以多源异构地理信息交换、整合、共享为核心业务的复杂系统,涉及多个行业和多个不同级别部门。在进行互联网 GIS 平台总体框架设计时,既要考虑到地理信息的数据来源、分布情况、数据内容、数据量、数据质量、更新频率等因素,也要综合各部门业务应用的现状和未来需求。因此,项目建设时充分参考国家级和浙江省建设经验,提出了适合的自然资源和空间地理信息交换和共享的总体框架,如下图所示:

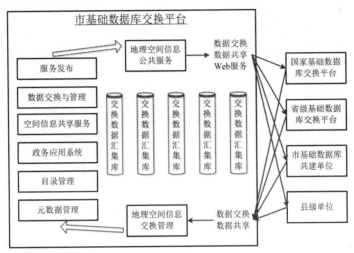

图 8-13　交换共享模式

互联网 GIS 平台支持与共建单位的"横向"信息交换与共享,通过交换平台在同一的标准体系下实现交换节点向市交换平台的数据汇集和服务的对外发布,形成一个跨部门、同步更新的空间信息共享交换体系和服务平台,有效消除信息孤岛。

同时,市互联网 GIS 平台还支持贯通国家、省、县级别的"纵向"地理空间信息交换与共享。平台向上与浙江省、国家中心建立空间信息共享与交换通道,实现数据的同步更新,为上级单位提供更为详细的数据支持;向下与县级单位提供信息交换通道和信息服务,为系统提供关于市各级单位更为详细和完备的数据支持。

8.5.3　数据资源体系建设

政务地理空间共享数据库是自然资源和空间地理基础库的重要组成部分,是平台对外服务的基础。通过收集整理、加工整合市各类政务地理空间信息资源,规划、建立一个统一的政务地理空间共享数据库,实现政务电子地图数据、标准地址数据、元数据等集中管理,为共享交换服务平台对外服务提供数据支撑。

建设内容主要为政务电子地图库、地名地址库。互联网 GIS 平台初步形成了平台与各部门专业信息系统、各专业信息系统之间的信息交换和共享机制之后,政务地理空间数据库中除了包括基础空间地理数据外,还将包括各部门业务专题空间数据。在此基础上,综合应用空间地理信息与专题信息,将能更好地为政府部门领导决策提供综合信息支持,提高电子政务应用水平。

（1）政务电子地图建设

政务电子地图数据库，在基础影像与数字线划库的基础上进行生产建设，删除部分测绘专业要素，增加一些具有普遍共享性的政务公共信息，形成标准的政务基础地理底图数据。政务电子地图数据库主要依托市地理信息系统现有数据、数字线划数据成果和部分政务专题图层数据进行建设，包含1:500、1:1000、1:2000、1:5000、1:10000、1:50000、1:100000、1:250000、1:500000 等多个比例尺，为政府各部门应用提供基础的电子地图底图支持。

主要内容一般包括：政务版电子地图、遥感影像图、POI 数据库。

政务版电子地图数据库的范围为全市，数据精度为市规划区主城区1:500、外围1:2000、县（市）1:1 万。同时全市范围提供1:5 万、1:10 万、1:25 万各级电子地图。

影像数据主要包括各年度各精度的遥感影像数据，包括 GEO-EYE 影像，0.5 米分辨率，规划区范围； IKONOS 影像，1 米分辨率，规划区范围等。

（2）地名地址库建设

主要包括两个层次的内容：

地名，含主要地名、住宅小区、邮编、区县名称、标志性建筑、单位名、道路名等；

门楼牌地址，含门牌地址、楼牌号等内容。

通过标准地址和对应的空间坐标，将带有地址名称的信息与空间信息进行整合，完成对非空间的经济社会信息的分析、统计、管理、制图和可视化表示等的空间化，提供地址文字与地理空间位置信息双向检索功能，为各部门快速、灵活构建适用于本部门和行业管理的专题地理图层提供服务。

（3）政务专题图层建设

政务专题图层，主要包含政府管理部门规划、管理、决策和服务中所需的可共享的政务地理信息资源，如政务机关、学校、消防设施、医疗机构、宾馆酒店、农村、建筑工地分布、水利设施等专业图层。政务专题图层数据专用反映业务管理特征的地理信息，按照"权威数据来自权威部门、权威部门负责更新维护、信息办提供技术支撑、共建共享"原则进行建设。各类政务专题图层在电子地图与标准地址数据库基础上，主要利用先进的地址匹配技术进行制作，也可提交成果数据。

（4）元数据目录数据建设

为了有效地对各类信息进行管理，通过建立元数据库和数据目录来管理有关各类信息库中的数据。

按照项目的元数据标准规范数据库相关联的元数据采集，建立元数据库；按照项目的相应要素类及实体分类方案、编目标准等建立数据目录。元数据库和数据目录是本项目实现信息共享和交换的基础

①元数据库。元数据库内容与地理信息资源数据库相对应。各元数据库之间并非完全独立，在部分内容上存在相互引用、继承、扩展等关系，这种关系可通过建立统一的元数据标准来建设、管理和维护，进而实现分布式、异构数据库内的数据管理、数据发现、

数据转换、数据交换和数据应用。

②目录数据库。以元数据为基础，遵循互联网 GIS 平台制定的地理信息资源目录体系规则，构建资源记录信息以导入到信息资源目录树中，建立可供共享利用的目录数据库。资源记录信息应包括资源标识和内容方面的描述元数据、资源获取和应用方面的元数据、资源安全和资源分类方面的元数据等。目录结构是树形结构，采用基于轻量级目录访问协议（LDAP）的数据存储方式。

目录数据库用于采集、存储、使用和管理信息资源目录内容，通过元数据信息的定位和发现机制，为用户发现、检索和开发利用信息资源提供服务，从而实现信息资源的共享。

目录是记录互联网 GIS 平台所有信息资源结构和属性的数据体系。信息资源结构通过树状的目录结构，展现信息资源之间的相互关系；信息资源属性则描述了资源的管理属性，包括来源、去向、版本等，用于控制和管理资源。

（5）数据更新维护策略

针对互联网 GIS 平台管理的地理信息数据类型、来源和用途不同，结合市地理信息资源的现状和互联网 GIS 平台的定位，对不同地理信息资源类型采取不同的手段进行更新。

①数字线划图（DLG）。目前，市规划局在自己的业务办理过程中，结合业务工作需要，每年都在局部更新数字线划图，因业务不同，各有侧重。作为大比例尺的数字线划图的主要更新维护专业业务部门，市规划局的 DLG 数据可作为互联网 GIS 平台基础地理空间框架的来源构成部分。

②遥感影像数据。通过卫星或航空摄影获得遥感影像数据是快速获取地理空间数据，构成基础底图的手段。根据对国土、规划等专业部门和部分委办局的业务需求调研，以及市气候条件特点，拟定每年采购一次卫星影像图。全市域采用 2.5 米或 10 米分辨率 SPOT 影像数据，城区采用 0.61 米 QuikBird 影像数据或 1 米 Ikonos 影像数据。

在实际工作中，也可结合工作需要，每年对重点区域，增加一次卫星影像的采购或高分辨率的航拍影像图航飞任务。

遥感影像数据的更新工作由市规划局组织。采用空间数据管理系统进行管理，利用遥感影像服务接口和栅格地图图片引擎服务提供应用支持。

①政务电子地图数据的更新维护。由市规划局组织对政务电子地图进行更新。道路、水系、绿地、建筑物等基础地理信息数据更新主要依据市国土局、市规划局每年提交的数字线划图数据，同时结合遥感影像和政务专题信息图层信息，补充社会人文经济信息，构成政务电子地图数据。政务电子地图数据每年更新一次。

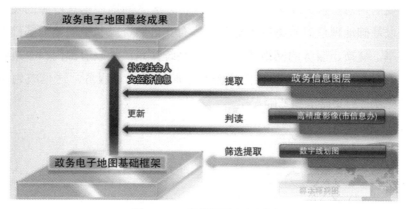

图 8-14 数据更新示意图

②政务专题图层数据的更新维护。政务专题图层数据的更新可采取多种手段，遵循谁主管谁维护的原则：

a. 委办局自行制作提交。如委办局已经自行制作了图层数据，首先需要委办局按照"政务信息图层建设技术规范"进行重新分类分层，确定可共享的图层属性字段，并把字段名称统一用中文表示，填写元数据项，然后进行数据格式转换、坐标转换等工作，通过数据交换平台（或离线方式）提交到数据中心，由数据中心维护人员负责入库发布。

委办局对带有地址字段的表格，也可利用平台提供的地址比对服务，进行比对生成政务专题图层，委办局自行进行数据质量检查和保证，然后提交结果给信息办。

b. 利用互联网 GIS 平台提供的数据更新审核系统。通过已建的互联网 GIS 平台，将业务数据上传至数据中心后比对上图，在数据更新审核系统中发布，由委办局对数据进行修改审核。完成后入政务地理信空间数据库。

政务专题图层数据的更新由各自委办局按照规定的更新周期进行更新，政务专题图层数据成果由空间数据管理系统管理。

③地址编码数据的更新维护。地址数据按 POI 点（兴趣点）、地名、街道、门楼牌等层级进行管理，依托市民政局进行 POI 点、地名、街道的更新维护工作，依托市公安局进行门楼牌的更新维护工作，按季度更新提交。

④栅格地图图片数据的更新维护。根据政务电子地图的更新周期、遥感影像数据的更新周期，依据栅格地图制图方案，定期进行栅格地图图片数据的定期更新。更新采用栅格地图图片制作管理工具进行。

8.6 本章小结

互联网 GIS 系统广泛应用于经济社会生活的各方面，可建立支持政府部门之间的跨部门、跨行业的自然资源和空间地理基础数据共享、交换与更新的管理体制和运行机制，按照相关标准规范和安全支撑体系、统一标准整合区域范围内政府部门、企事业单位和社会公众需要的信息资源；实现省、市、县（市）区之间地理信息资源的互联互通体系框架；建成以基础地理信息数据库为框架的分布式自然资源和空间地理基础数据库和数据发布、共享、交换、服务的网络体系和软件系统体系；为政府部门、企事业单位和社会公众提供权威、准确、现势的自然资源和空间地理信息服务。这也成为当前互联网GIS 研究和发展的重要需求和基础支撑。

第 9 章　互联网 GIS 应用设计方法

SOA（Service-Oriented Architecture，面向服务架构）为当前"新地理信息时代"中的 Web GIS 及地理信息共享提供了一种重要的实现途径，也是新地理信息时代研究的重要课题。为了实现多源、多时相、多种类型地理信息的互操作和共享，许多主流 GIS 企业、研究机构、商业软件等纷纷应用 SOA 技术构建解决方案，且已取得不少研究和应用成果。

9.1　数字城市地理空间信息共享平台

ArcGIS Server 是 ESRI 公司 ArcGIS 系列软件的服务器应用，其重要构件包括：GIS Server（GIS 服务器）、Data Server（数据服务器）、服务发布器和开发组件等。Geoserver 是一个功能齐全，遵循 OGC 开放标准的开源 WFS-T 和 WMS 服务器，支持 OGC 标准的空间信息服务。

SOA 的核心是 Web Services 技术，包括很多的 IT 行业标准，如：XML、SOAP（Simple Object Access Protocol，简单对象访问协议）、UDDI（Universal Description, Discovery, and Integration，统一描述、发现和集成）、WSDL（Web Services Description Language，网络服务描述语言）等。基于 SOA 的地理信息共享，主要为地理信息共享提供基础信息管理、相关数据服务和功能服务的注册，对外提供数据服务的查询和访问接口。基于 SOA 技术，提出一种地理信息共享模型，并阐述了其实现原理、功能设计和技术途径，进行了相关的实验。

9.1.1　基于 SOA 的地理信息共享模式

一般地说，SOA 将应用程序中不同的功能单元或服务通过服务之间定义良好的接口和契约联系起来。在 SOA 的结构中，包括三种角色：服务提供者、服务代理者和服务使用者；三种行为：服务发布、服务查找和服务绑定，如图 9-1 所示：

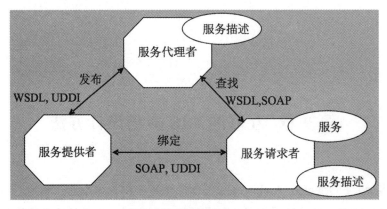

图 9-1　SOA 的体系结构

空间信息共享模型，包括 SOA 的所有功能和特征，实现 SOA 架构的目的。其中：

服务提供者，一般由各种地理数据生成单位，空间分析功能模块开发者充当，主要提供各种松耦合、细粒度的服务实体，是地理信息共享的主要角色，直接体现着信息共享的质量和效率。

服务代理者，一般由共享平台充当，主要是注册和发布服务提供者提供的数据服务和功能服务，响应服务使用者的请求，查找和绑定请求的地理信息服务。

服务请求者，一般由共享平台的使用者或空间信息服务的请求者充当，主要是通过注册中心使用 UDDI 请求需要的各种类型地理信息服务，完成自己的数据需求和业务操作。

地理信息的互操作和共享，主要经历了数据格式转换、COM 接口和组件技术等阶段，这些阶段共同的问题是：数据类型多样，不能直接相互访问和操作；功能实现复杂，基础结构多样而不能相互兼容；系统平台的开发难度大，不易移植和维护；业务应用相互隔离，不能实现多系统的整合和集成应用。

基于面向服务的架构 SOA，地理信息可实现充分的共享和互操作，特别是 OGC（Open Geospatial Consortium，开放地理信息联盟）组织制订了 WMS（Web Map Service，网络地图服务）、WFS（Web Feature Service，网络要素服务）、WCS（Web Coverage Service，网络覆盖服务）等规范，为地理信息的共享提供了统一的实现标准和规则，而所有这些服务规范均是标准 Web Service，可被实现标准网络服务接口的广泛系统平台访问和调用。

9.1.2 基于 SOA 的空间信息共享模型

空间信息共享模型，主要实现空间信息服务的注册、发布、绑定和查找，为地理信息共享平台的管理员提供服务的组织和管理，为空间信息服务提供者注册各种服务，并能为各种使用者提供服务查找和绑定功能。具体而言，模型的主要特点和意义包括：

①严格的用户权限组织和管理，保证地理信息共享的实现和安全。

地理信息共享是为了在一定的用户群体中分享地理信息，优化资源配置和系统效益，避免重复建设和浪费，同时提高数字化和信息化水平。因此，这其中涉及地理信息资源的共享、涉密信息的保密和系统平台的安全控制等。

②多种类型的空间信息服务的发布和注册。

注册中心提供了空间信息服务的发布和注册功能，服务提供者通过注册中心可使多种类型的空间数据转换为符合 OGC 标准规范的空间信息服务，主要包括 WMS、WFS、WCS 等。这些空间信息服务在注册中心中发布并注册，为地理信息共享提供了基础和保证。

③提供方便的空间信息服务检索和查找，快速准确地定位用户所需信息服务。

在共享平台中，可能包括多种类型和数据源不同的大量空间信息服务，这些空间信息服务数量庞杂内容多样，不便于用户直接使用，因此有必要为用户提供空间信息服务检索和查找功能，有利于快速准确定位用户所需服务。

④统一地组织和管理各种空间信息服务，方便共享平台的运行和维护。

注册中心可以对空间信息服务进行统一的集中分类、存储和编辑，可为共享平台的运行和维护提供方便。

空间信息共享模型应用 SOA 架构，组织和管理各种空间信息服务，软件总体架构松耦合，应用系统跨域分布式部署，实现了数据和功能的互操作访问。

计算机学科中的 TCP/IP 协议使得网络快速发展，不同地域和部门可通过 Web 进行业务交互；XML 编码协议和 HTTP 协议的应用，Web 网页可以承载更多的信息和内容，包括大量地理数据、专题属性数据和相关的文字、图片、声音、视频等多媒体信息。在空间信息领域中，OGC 的 OpenGIS 组织制订了各种空间数据互操作的标准规范，可满足 SOA 的架构需求和功能应用。这些标准和规范，提供了地理数据向可便利访问和操作的"Web Service"转换的解决方案，并针对这些标准的地图服务，制订了一系列的空间过滤 Filter 规范和地理处理规范等。所有这些，使得基于 SOA 技术构建灵活的地理信息共享平台变得简单易行，也有利于跨平台和互操作。

地理空间信息共享模型的具体设计如下：

①用户权限组织和管理。主要实现注册中心的安全访问和权限控制，可借鉴数据库技术进行用户权限库表设计，主要分为三级：用户组、权限组、数据和功能组，分别对应三个数据库表，并建立相应的关系表。在空间信息共享中实现对不同的用户进行访问权限和操作安全的控制，并且对共享平台的各类数据服务和功能服务进行组织和管理。

②空间信息服务的发布与注册。空间数据服务是地理信息共享平台的核心和重要内容，其发布与注册也是实现地理信息共享的第一步。空间信息服务的注册，即空间信息元数据服务的建立，以便于后面的查找和访问。空间信息服务注册的主要信息，包括：数据服务 URL 地址、标题、关键字、空间投影、地理范围等。

图 9-2　数据服务发布与注册

③空间信息服务的查找和绑定。空间信息服务的查找和绑定，是通过 HTTP 协议和各数据服务 WMS、WFS 等支持的参数组成的 URL 请求实现，各空间信息服务所支持的操作和接口各不相同。

```
xmlns:sde="http://geoserver.st.net" xmlns:topp="http://www.openplans.org/topp" xn
xmlns:nurc="http://www.nurc.nato.int" updateSequence="67">
+ <ows:ServiceIdentification>
+ <ows:ServiceProvider>
+ <ows:OperationsMetadata>
- <FeatureTypeList>
+ <Operations>
+ <FeatureType xmlns:tiger="http://www.census.gov">
+ <FeatureType xmlns:tiger="http://www.census.gov">
+ <FeatureType xmlns:tiger="http://www.census.gov">
+ <FeatureType xmlns:sf="http://www.openplans.org/spearfish">
+ <FeatureType xmlns:sf="http://www.openplans.org/spearfish">
+ <FeatureType xmlns:sf="http://www.openplans.org/spearfish">
+ <FeatureType xmlns:sf="http://www.openplans.org/spearfish">
+ <FeatureType xmlns:sf="http://www.openplans.org/spearfish">
+ <FeatureType xmlns:topp="http://www.openplans.org/topp">
+ <FeatureType xmlns:topp="http://www.openplans.org/topp">
+ <FeatureType xmlns:topp="http://www.openplans.org/topp">
+ <FeatureType xmlns:topp="http://www.openplans.org/topp">
+ <FeatureType xmlns:topp="http://www.openplans.org/topp">
- <FeatureType xmlns:tiger="http://www.census.gov">
    <Name>tiger:giant_polygon</Name>
    <Title>World rectangle</Title>
    <Abstract>A simple rectangular polygon covering most of the world, it's only usec
    instead)</Abstract>
  - <ows:Keywords>
    <ows:Keyword>DS_giant_polygon</ows:Keyword>
    <ows:Keyword>giant_polygon</ows:Keyword>
  </ows:Keywords>
  <DefaultSRS>urn:x-ogc:def:crs:EPSG:4326</DefaultSRS>
  - <ows:WGS84BoundingBox>
    <ows:LowerCorner>-180.0 -90.0</ows:LowerCorner>
    <ows:UpperCorner>180.0 90.0</ows:UpperCorner>
  </ows:WGS84BoundingBox>
  </FeatureType>
</FeatureTypeList>
- <ogc:Filter_Capabilities>
  - <ogc:Spatial_Capabilities>
    - <ogc:GeometryOperands>
      <ogc:GeometryOperand>gml:Envelope</ogc:GeometryOperand>
      <ogc:GeometryOperand>gml:Point</ogc:GeometryOperand>
      <ogc:GeometryOperand>gml:LineString</ogc:GeometryOperand>
      <ogc:GeometryOperand>gml:Polygon</ogc:GeometryOperand>
    </ogc:GeometryOperands>
    + <ogc:SpatialOperators>
```

图 9-3　GIS 服务器上 WFS 的 WSDL 描述文档

根据 GIS 服务器上关于各种服务的描述文档 WSDL，可以得到各种服务如 WMS、WFS 的相关信息，并据此进行服务的检索与引用。其中主要参数如下：

〈ows：ServiceIdentification〉：描述该 GIS 服务器的主要信息，包括 GIS 服务器标题、摘要、关键词、服务类型和版本信息等；

〈ows：ServiceProvider〉：描述服务提供者信息，包括服务提供者名字、地址和电话等联系信息；

〈ows：OperationsMetadata〉：指该 GIS 服务器支持的操作元数据，主要说明各种类型的 GIS 操作的接口规范，如 GetCapabilities 操作具有请求 URL、支持的版本和数据格式等接口；

〈FeatureTypeList〉：描述该 GIS 服务器上包括的所有类型 Service 服务信息，包括 Service 服务的名字、标题、摘要、关键词、缺省空间引用等；

〈ogc：Filter_Capabilities〉：描述该 GIS 服务器支持的 Filter 空间分析操作的接口规范，包括几何图形和地理空间操作、逻辑比较和算术运算操作等。

④基于空间信息服务的分析和操作。基于空间信息服务的分析和操作，可以为用户提供各种专业应用和解决方案。具体可根据 OGC 提供的空间信息服务 Filter 规范进行处理。

```
<?xml version="1.0" encoding="UTF-8"?>
<wfs:GetFeature service="WFS" version="1.0.0"
  outputFormat="GML2"
  xmlns:topp="http://www.openplans.org/topp"
  xmlns:wfs="http://www.opengis.net/wfs"
  xmlns:ogc="http://www.opengis.net/ogc"
  xmlns:xsi="http://www.w3.org/2001/XMLSchema-instance"
  xsi:schemaLocation="http://www.opengis.net/wfs
                      http://schemas.opengis.net/wfs/1.0.0/WFS-basic.xsd">
<wfs:Query typeName="高港区地图">
    <ogc:Filter>
        <ogc:PropertyIsLike wildCard="*" singleChar="." escape="\">
            <ogc:PropertyName>区划名称</ogc:PropertyName>
            <ogc:Literal>城东社区</ogc:Literal>
        </ogc:PropertyIsLike>
    </ogc:Filter>
</wfs:Query>
</wfs:GetFeature>
```

图 9-4　WFS 应用 Filter 编码规范进行空间分析

在该示例中，主要的参数介绍如下：

〈wfs：GetFeature service="WFS" version="1.0.0"…… 〉：主要说明请求的 WFS 的 GIS 操作、版本、输出格式、服务器 URL 等信息，其中 GIS 操作 GetFeature 与图 9-3 中的〈ows：OperationsMetadata〉对应；

〈wfs：Query typeName=" 高港区地图 "〉：描述 WFS 的请求类型和服务名称；

〈ogc：PropertyIsLike/〉：是 OGC 的 Filter 编码规范制定的接口，描述要素属性字段值的比较操作，具体内容根据〈ogc：PropertyName/〉和〈ogc：Literal/〉定义。

该示例是向 GIS 服务器请求名称为"高港区地图"的 WMS 服务，数据属性字段"区划名称"与"城东社区"匹配的地物要素，返回结果为 GML 编码的地理数据，在客户端解析可得到所请求的地物要素图形和属性信息，进一步进行转换、渲染和可视化处理，即可满足用户操作需求，而不须了解分布式存储的数据库或数据源。该示例请求的结果如图 9-5 所示：

图 9-5 通过 Filter 编码调用 WFS 的结果

9.1.3 具体共享平台的实现分析

基于以上空间信息共享模型的原理描述和设计，进行空间信息共享模型的设计和开发。本注册中心的主要目的是为空间信息共享提供基础和支持，主要依据 XML/GML 规则进行消息的编码与传输。

本共享模型主要的实现环境是：（1）操作系统：Windows XP Professional SP3；（2）Web服务器：IIS 5.1；（3）GIS服务器：ArcGIS Server，GeoServer；（4）开发语言：服务器端C#和客户端JavaScript；（5）开发环境：Microsoft Visual Studio. Net 2008。

空间信息共享模型的详细用户示例及功能设计如下（图 9-6）：

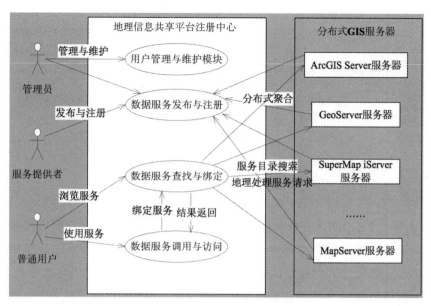

图 9-6　注册中心用例设计

其中，管理员是注册中心中权限最高的用户，主要负责管理与维护注册中心，编辑和完善各功能模块的功能实现，数据服务目录的组织和管理，各普通用户具体权限的授权和取消等；

服务提供者，主要是连接分布式的 GIS 服务器，比如 ArcGIS Server 服务器、GeoServer 服务器等，通过 WSDL 语言在注册中心上存储和描述分布式服务器上的 WMS、WFS 等空间信息服务和功能服务。这样，即在注册中心添加了数据服务和功能服务，如图 9-7、9-8 所示：

首页　数据服务查询

数据服务查询

序号	服务编号	服务名称	URL	标题	摘要	关键字	左边经度	下部纬度	右边经度	上部纬度
14	30018	sf:streams	http://jim:8080/ge...	Spearfish streams	Sample data from...	spearfish,sfStre...	589434	4913947	609518	4928071
15	30019	topp:tasmania_cit...	http://jim:8080/ge...	Tasmania cities	Cities in Tasmani...	cities,Tasmania	147	-42	147	-42
16	30020	topp:tasmania_ro...	http://jim:8080/ge...	Tasmania roads	Main Tasmania ro...	Roads,Tasmania	145	-43	148	-40
17	30021	topp:tasmania_st...	http://jim:8080/ge...	Tasmania state bou...	Tasmania state b...	boundaries,tasm...	143	-43	148	-39
18	30022	topp:tasmania_w...	http://jim:8080/ge...	Tasmania water bo...	Tasmania water ...	Lakes,Bodies,Au...	145	-43	147	-41
19	30023	topp:states	http://jim:8080/ge...	USA Population	This is some cen...	census,united,bo...	-124	24	-66	49
20	30025	nurc:Arc_Sample	http://jim:8080/ge...	A sample ArcGrid file	Generated from ...	WCS,arcGridSam...	-180	-90	180	90
21	30026	nurc:Img_Sample	http://jim:8080/ge...	North America sam...	A very rough ima...	WCS,worldimage...	-130	20	-62	54
22	30027	nurc:mosaic	http://jim:8080/ge...	Sample PNG mosaic	Subsampled sate...	WCS,mosaic,mos...	6	36	20	46
23	30028	nurc:Pk50095	http://jim:8080/ge...	Sample scanned an...	This is a sample f...	WCS,img_sample...	347649	5176214	370725	5196961
24	30003	country					0	0	0	0
25	30056	tiger:tiger_roads	http://jim:8080/ge...	Manhattan (NY) roa...	Highly simplified r...	DS_tiger_roads,ti...	-74	40	-73	40
26	30029	sf:sfdem	http://jim:8080/ge...	sfdem is a Tagged I...	Generated from ...	WCS,sfdem,sfdem	589980	4913700	609000	4928010
27	30054	tiger:poly_landma...	http://jim:8080/ge...	Manhattan (NY) lan...	Manhattan landm...	landmarks,DS_po,...	-74	40	-73	40
28	30055	tiger:poi	http://jim:8080/ge...	Manhattan (NY) poi...	Points of interest ...	poi,Manhattan,DS...	-74	40	-74	40
29	30057	whu:SDE.BOU2_...	http://jim:8080/ge...	SDE.BOU2_4P_Type	Generated from ...	arcsde,SDE.BOU...	73	6	135	53
30	30058	whu:SDE.RAI_4M	http://jim:8080/ge...	SDE.RAI_4M_Type	Generated from ...	SDE.RAI_4M,arc...	84	21	131	53

详细　保存修改　删除选中项

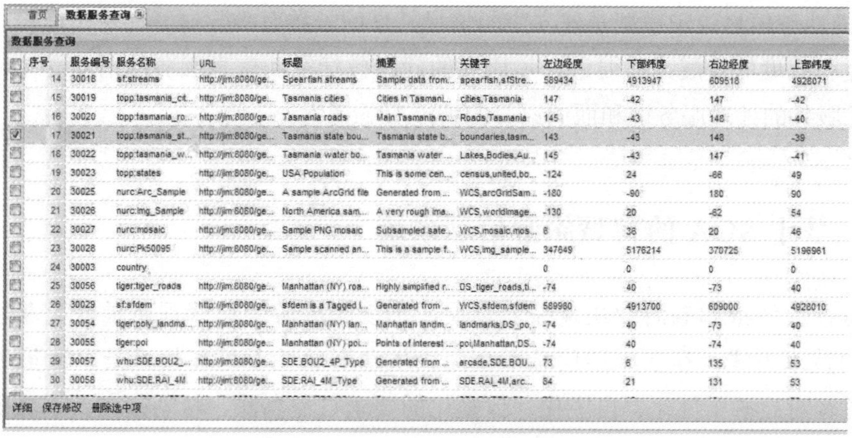

图 9-7　注册中心注册的数据服务

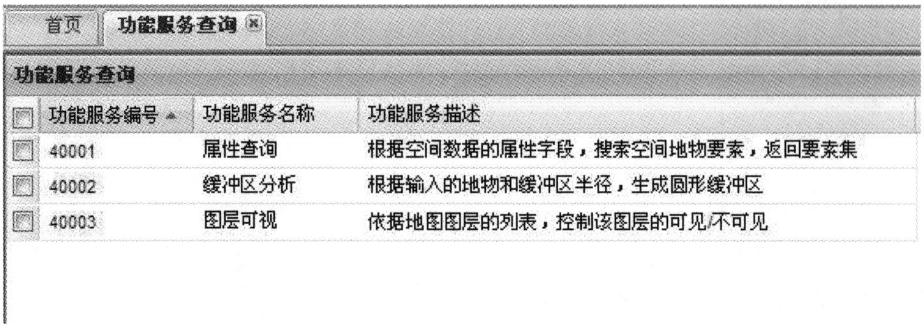

功能服务编号	功能服务名称	功能服务描述
40001	属性查询	根据空间数据的属性字段，搜索空间地物要素，返回要素集
40002	缓冲区分析	根据输入的地物和缓冲区半径，生成圆形缓冲区
40003	图层可视	依据地图图层的列表，控制该图层的可见/不可见

图 9-8　注册中心注册的功能服务

普通用户，通过 UDDI 查找和绑定注册中心的各类服务，建立空间信息服务目录浏览服务，而调用服务进行空间分析，则可以构建空间过滤 Filter 和地理处理服务，向各 GIS 服务器发送 XML 格式的特定请求，并解析返回的 XML/GML 结果，以完成功能操作。

根据上面基于 SOA 的空间信息共享模型的设计，该实验达到了以下结论：

①建立了多种类型空间信息服务（包括较通用的 WMS、WFS 和 WCS 等）的发布与注册机制，可将异地数据中心或数据库中的数据转换为空间信息服务；

②实现了针对空间信息服务的查找与绑定功能，使得授权用户可在注册中心查找满足条件的空间信息服务；

③建立了基于空间信息服务的空间分析功能的实现机制，从而使得功能操作与底层数据相分离，用户访问数据不再需要到数据所在地物理拷贝；

④使用多级用户角色管理，实现了针对不同用户的访问和操作权限的控制。

本节对基于 SOA 的空间信息共享建设进行理论探讨，重点研究了 SOA 的原理和应用，设计了一种建立空间信息共享的模型，并进行了相关的实验和验证。结果表明，本节基于 SOA 的地理信息逻辑模型是建立空间信息共享的一种有效尝试。随着空间信息服务的研究深度和广度的发展，需要进一步研究的问题包括空间信息服务的语义支持和扩展、空间信息服务的处理服务链和面向语义的智能服务搜索。

9.2　基于 SOA 的智慧旅游信息系统

随着社会经济和旅游业快速蓬勃发展，传统的旅游信息管理由于缺乏及时、高效和丰富的技术方式，存在旅游信息不全面、生动形象性不足和热点景区流量失控等问题，而游客对旅游个性化、自主化、体验化的要求日益高涨。特别是在数字城市向智慧城市过渡发展背景下，地理空间信息技术促进了数据获取实时化、处理智能化、服务网络化和应用社会化趋势，提供了智慧旅游解决方案，实现旅游环境的实时感、专题信息的集成整合和旅游管理服务的智能化，以便捷舒适地满足游客旅游信息需求。智慧旅游将为旅游者个体提供可按需接受的泛在旅游信息服务，区别于传统旅游信息孤立、散乱和互不联通，智慧旅游信息服务可在任何时间、地点，任意媒介提供精准、实时的旅游数据和信息资源，充分利用互联网 GIS 地理空间信息技术和 SOA（service-oriented architecture，面向服务架构）的关键技术，建立智慧旅游信息系统具有重要的现实意义。

智慧旅游信息系统灵活多样地收集旅游信息，根据旅游者个性进行数据挖掘，通过文字、图片、视频、虚拟三维环境体验目的地景观，基于 SOA 开放松耦合集成电子地图、实景影像、全景展示和三维景观，实现基于地理位置的主动随身导游导览服务。SOA 是智慧城市中的分布式软件架构思想，为解决系统重复建设和信息孤岛等问题、实现数字城市建设的可持续发展提供可行方案。本节结合 SOA 和智慧城市，以某市旅游信息管理为例，研究建立面向服务架构的智慧旅游信息系统的框架设计、关键技术和功能实现，为旅游信息服务与管理提供信息平台，从而提高旅游信息服务的智能化水平。

9.2.1 面向服务架构的基本理论及特征

智慧城市中的地理空间信息技术，提供了地理空间定位参考、专题业务信息处理参照和直观形象可视化表达，将充分有效利用生活中 80% 地理关联的大数据，渗透到城市的各个方面，形成生活、产业发展、社会管理的新模式和新形态。建立智慧城市测绘地理信息基础设施，需要增强基础信息资源的整合共享能力，推进基础设施即服务、软件即服务、平台即服务建设，SOA 提供了智慧城市建设的技术思想和总体架构。SOA 基于自治而不完全独立的逻辑单元，遵从通用标准化的系列原则，即 SOA 中的服务，其封装了不同范围、规模和类型的业务逻辑和执行方法，服务能够相互调用和嵌套，构成复杂的服务集合。

SOA 以服务为基本导向，不同于 Web Service 组件，实现独立于具体技术的服务接口，具有三个基本要素：松散耦合构架设计、粗粒度单元、位置和传输协议透明化。传统的信息架构是根据技术和业务需求逐步设计，两层之间的通信时时变化，造成系统实施、维护和移植困难。SOA 在两层之间形成服务层，沟通了具体数据资源、功能组件与专题业务之间的逻辑联系，较好地解决了这一难题。SOA 体系结构包括服务请求者、服务代理者和服务提供者，分别进行服务的绑定调用、发现管理和发布注册，形成统一完整的服务化总体框架，能够应用于智慧型信息服务平台及专题示范应用建设中。

SOA 体系架构的主要特征为：功能封装性，以服务方式将不同工作流程封装成业务组件，隐藏内部实现细节，通过开放接口即可直接使用；服务重用性，单个服务是相互独立的实体，可跨平台移植，方便了重复使用，降低开发成本；互操作性，多个服务之间通过标准协议方式通信，满足互操作需求；服务自治性，单个服务本身是自包含、模块化的，可单独修改完善；松散耦合性，底层数据、功能实现和通信协议之间可搭配组合，避免紧耦合的不可分拆；服务透明性，服务请求者可按需选择、定制和访问服务。

9.2.2 面向服务的智慧旅游信息系统的架构设计

面向服务的智慧旅游信息系统采用 SOA 多层分布式体系结构，方便旅游信息的共享与交换，形成全局统一的用户权限管理模块和基础工具类库；服务集合为旅游信息管理系统的构建提供基础的元数据目录服务、数据服务和地理处理服务；分布式客户端集成网络服务的注册与发布，系统整体实现了网络分布式处理。

　　本系统是旅游管理信息系统"信息共享"的完整解决方案，实施中涉及的软硬件环境主要包括：应用服务器端，包括数据服务、功能分析服务和网站服务器，操作系统为 Windows Server 2008；数据库服务器端，主要集成管理各类空间数据、属性数据和专题信息资源；GIS 服务器端，提供空间数据的编辑、处理和发布功能；系统开发环境，采用 Microsoft Visual Studio. NET 2010 和 C# 语言。面向服务架构 SOA 的旅游信息系统架构如图 9-9 所示，其中数据层管理各类数据资源，服务层管理和发布服务集合，应用层通过调用 GIS 服务器上的数据服务和功能分析服务实现业务流程，最终由浏览器终端可视化处理结果。

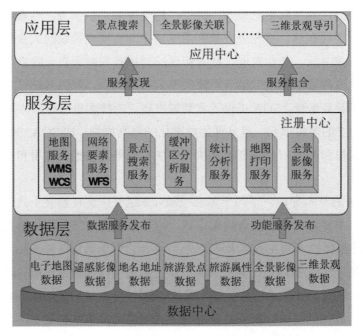

图 9-9　面向服务的旅游信息系统总体架构

　　面向服务架构的智慧旅游信息系统的总体架构，实现了 SOA 三角色思想：

　　①数据中心提供基础地理空间数据、旅游景点数据、旅游专题属性及地理关联数据，基础地理和旅游专题数据的生产者或维护者，根据标准服务协议向注册中心发布和注册各类服务的访问接口和元数据信息，地理分析功能服务也在注册中心进行发布和共享。

　　②注册中心宿主服务提供者发布的各类数据服务和功能服务，通过目录服务公布所有服务相关信息，并管理和定制服务的网络调用。系统包含的数据服务为：基础地理网络地图服务 WMS、网络要素服务 WFS 和网络栅格服务 WCS；网络地理处理功能服务为：景点搜索服务、缓冲区分析服务、统计分析服务、地图打印服务等。

　　③应用中心是各类应用程序和用户端集合，通过注册中心目录服务查询定位所需服

务，按照网络访问与服务绑定协议，请求和调用相应服务集，实现个性化按需服务。

9.2.3　智慧旅游信息系统的功能设计与实现

为更好地组织和管理旅游专题信息，提供方便快捷的旅游景点搜索、景点周边环境和三维景观信息服务，提高旅游信息管理的效率和信息化水平，建立全区域一张图上可视化的智慧旅游信息系统，采用文字、影像、图片、视频等二、三维一体化专题信息叠加显示和查询分析，为旅游业务提供面向服务架构的信息发布和分析平台。

（1）旅游景点管理

旅游信息系统设计中，需按照标准规范组织管理旅游专题数据的空间信息和属性信息，主要包括基础地图、风景点专题、景点图片、景点描述、视频和三维场景等数据，主要包括两大类：一是基础地理数据服务，集成管理了 1:500、1:1000、1:5 万、1:25 万、1:400 万等多比例尺多级缩放 WMS 地图，分为行政区划、水系、道路、植被、居民地和地名地址等；二是旅游专题数据资源，旅游风景名胜的名称、地理位置、编码代号、景点类型、等级、详细地址、描述信息、图片等多媒体信息。本系统集成管理了全市域约 71 个旅游景点信息，分为公园园林、红色经典、名人胜迹、城市景观、古迹遗址五类，根据地理空间位置上图管理，并分别关联旅游景点的文字描述、风景图片和实景影像等多媒体信息，如图 9-10 所示，可快速方便地定位单个景点进行信息浏览、修改和管理。

图 9-10　旅游景点信息管理

（2）旅游景点搜索

旅游信息系统中常需要快速准确地查找所需景点，为管理者和旅游者提供风景名胜、周边自然人文环境和吃住等生活便利信息，支持旅游景点的报表统计、旅游规划和旅游指导。根据业务需要，系统提供了景点查询、周边搜索、景点类型查询和地名地址匹配等四种搜索方式，针对旅游专题信息实现全方位的资源搜索和定位，是智慧旅游中的基础功能。

景点查询，结果会在地图上高亮展现，并能够进一步提供定位要素、全部高亮、输出报表、街景影像、全景影像和单点全景这六个服务；周边搜索，针对选定的景点查询其周边一定范围内的宾馆酒店、餐饮娱乐和商业超市等分布情况，如图 9-11 即为查询"梅兰芳纪念馆"附近 500 米的宾馆酒店的分布情况；景点类型查询，根据风景名胜景点的分类，列表汇总各类别景点，并进行统计报表，显示其景点名称、要素代码、分类、描述信息和详细地址等；地名地址匹配，是根据输入的地名和地址信息定位其地理位置，并关联地图。

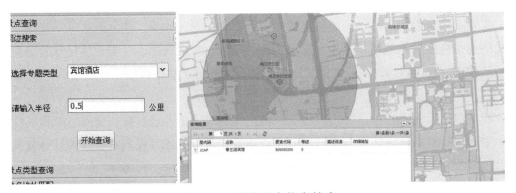

图 9-11　旅游景点信息搜索

（3）全景影像关联

旅游景点较吸引人的是其独特的自然人文风貌，游客一般都想了解著名景点的周边环境，智慧旅游信息系统中的全景影像以直观真实的场景图片满足这一需求。系统提供了街景影像、连续全景和单点全景三种影像服务，身临其境地全面掌握景点外部周边、游览路线和内部胜景，为旅游管理和导游提供参考。

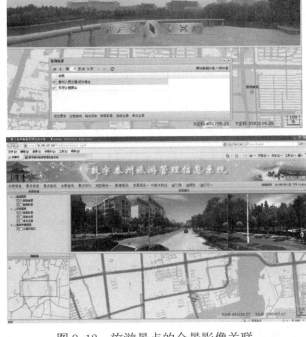

图 9-12　旅游景点的全景影像关联

（4）三维景观导引

智慧旅游信息系统，基于 SOA 以服务定制方式搭建了面向管理人员和游客的管理信息系统，集成了旅游景点信息、周边实景导航和三维景观服务，为旅游景点规划发展和特色宣传提供支撑，以精细化三维模型生动形象地展示名胜古迹。如图 9-13，通过三维景观，可以全方位多视角多尺度地了解景点场景，沉浸和徜徉于自然和文化的熏陶中，吸引各方游客；通过三维漫游，以真三维多方向的虚拟现实，导引游客的线路，分流热点景区游客数量；通过集成三维景观的桌面、触摸屏和移动终端等为范围内游客主动推送景观信息，成为便于保存和携带的景区"印象"，可供反复浏览、沟通互动和信息反馈。

图 9-13 三维旅游景观导引

从数字城市到智慧城市发展的背景下，面向服务的智慧旅游信息系统采用高性能的地理信息处理技术实现空间数据和属性数据的一体化集成管理，采用面向服务架构的关键技术建设旅游专题信息管理系统，将区域旅游景点相关的文字资料、图片视频、全景影像及三维景观有机结合，以多种终端形式提供旅游景点管理、搜索、全景关联和三维导引服务，主动推送给景区内的游客。面向服务架构的智慧旅游信息系统通过专题信息资源聚合和一站式服务平台，实现信息的广泛共享和有效利用，为政府机关、旅游开发管理工作提供了决策支持，为地理空间信息在智慧城市及其专业示范应用构建提供有益解决方案。

9.3 基于 SOA 的文物管理信息系统

文物是在文化发展过程中遗留下来的遗迹。各类文物从不同侧面反映了各个历史时期人类的社会活动、社会关系和意识形态。文物普查是国情国力调查的重要组成部分，是我国文化遗产保护的重要基础工作。我国文物研究和管理单位主要采用档案的人工管理方法，效率低且更新困难，从而导致文物信息滞后，数据不完整，不统一，难以满足各级政府、文物管理部门对文物信息管理的信息化要求，制约着文物信息化进步与发展。我国前两次的文物普查由于科技水平的限制，普查结果精度差。充分利用地理信息技术和 SOA 面向服务架构的关键技术，对建立文物管理信息系统具有重要的现实意义。

SOA 作为一个新兴的企业级分布式软件架构思想，为解决重复建设和信息孤岛问题、实现数字城市的可持续发展提供了思路。本节结合第三次全国文物普查工作，以泰州市文物管理为例，探讨建立面向服务架构的文物管理信息系统实现方法和构建的关键技术，为文物普查与管理规划提供数字化平台，从而提高文物管理的效率和信息化水平。

9.3.1 SOA 架构的基本理论及其特征

面向服务的架构（SOA）本质上不是某一项技术，而是面向服务的思想。它超越了具体的技术，也超越了具体的架构。SOA 鼓励单个逻辑单元自治而不相互独立，逻辑单元也要遵从允许其独立的系列原则，同时充分维护其通用性和标准化，这些逻辑单元就是 SOA 的服务。为保持服务的独立性，服务要在独立的语境中封装逻辑，其逻辑范围和规模是不确定的，服务中也可以包含其他服务，服务之间可以互相调用，构成一个服务集合。

SOA 的基本思想是面向服务，是以服务为导向的架构，SOA 要实现的终极目标是实现独立于技术的服务接口。SOA 在实现上是依赖 Web Service 的，可以使用 Web Service 来构建 SOA，但是 SOA 并不等同于 Web Service，Web Service 在本质上只是一个服务组件，可以实现面向服务，而 SOA 是面向服务的思想，其内容更丰富。SOA 有三个基本要素：松散耦合、粗粒度、位置和传输协议透明。只有满足这三个基本要素的系统才是 SOA 的架构。

传统的企业架构是由技术和业务两个层次构成，技术层和业务层之间不能直接通信，这在一定程度上不能满足现今复杂的业务需求。SOA 通过在两层之间定义了一个新的层次——服务层，从而在技术上解决了这一难题。

SOA 的体系结构包括服务提供者、服务代理和服务请求者。服务提供者将其需要提供的服务的描述信息注册到服务代理；服务代理对所注册服务进行管理并提供搜索接口；服务请求者通过服务代理查询定位并进行绑定调用所需要的数据服务和功能服务。

概括起来，SOA 架构具有以下特征：服务的封装性：把服务封装成可以被不同业务流程反复使用的业务组件。它隐藏所有内部的实现细节，只需保持接口不变，就不会影响最终用户的使用；服务的重用性：一个服务是一个独立的实体，与底层实现和用户的要求完全无关，从而极大地方便了服务的重复使用，降低了开发成本；互操作性：服务之间通过既定协议采用同步或异步方式通信；服务是自治的实体：服务自身是完全独立的、自包含的、模块化的；服务的低耦合度：服务请求者与服务提供者之间只有接口上的通信；服务是透明的：服务请求者只关心有服务完成了自己的需要就可以了。

9.3.2　面向服务的文物管理信息系统的架构设计

系统采用面向服务架构（SOA）的多层分布式软件体系，基于 .NET 技术系统进行开发，更方便实现与共享平台之间的信息共享和交换。系统建设了全局统一的用户权限管理和基础类库；系统的 Web Service 服务集为其他业务管理系统的构建提供元数据服务、数据服务和功能服务；UDDI 定义了网络服务与发布的方法；分布式数据库端的数据提供了灵活的数据发布系统，并实现了系统的分布式计算。

本系统是一个文物管理信息系统"信息共享"的完整的解决方案，系统涉及的软硬件环境主要包括以下 4 个方面：数据服务器端和应用服务器端操作系统为 Windows Server 2008，客户终端的操作系统为：Windows XP Professional；采用 Oracle 10g、ArcSDE9.3 作为空间数据和属性数据的管理软件；用 GIS 开源软件 Geo Server 作为管理系统空间数据编辑、处理和数据发布，Web 应用服务器为 Tomcat 6.0；系统开发环境采用 Microsoft Visual Studio.NET 2008，面向服务架构 SOA 文物管理信息系统共享架构如图 9-14 所示，其中数据中心层管理空间数据，GeoServer 发布和管理数据服务。Web Server 调用 GIS 服务器上的数据服务和功能服务，最终由浏览器给行业用户提供服务。

面向服务架构的文物管理信息系统的服务实现机制体现了三种角色：

①数据中心提供基础地理空间数据、文物专题数据、属性数据和相关统计数据，基础地理空间数据和文物数据的生产者和维护者，根据数据服务协议向服务注册中心发布服务接口信息和元数据服务接口信息，所有功能服务提供者向注册中心发布并申请注册功能服务。

②服务注册中心受理服务提供者提供的数据服务和功能服务，并通过目录服务发布所有服务信息，面向服务架构的文物管理信息系统发布的数据服务包括 WMS 地图数据服务、WFS 地图要素服务和 WCS 栅格影像数据服务；功能服务包括缓冲区分析服务、文物统计分析服务、专题地图打印服务等，并通过相应的服务描述语言来描述服务。

③行业用户作为服务请求者和消费者，通过对注册中心的目录服务进行查询后，根据接口说明信息并使用某种传输协议与服务绑定，服务请求者便可调用和绑定所需的服务。

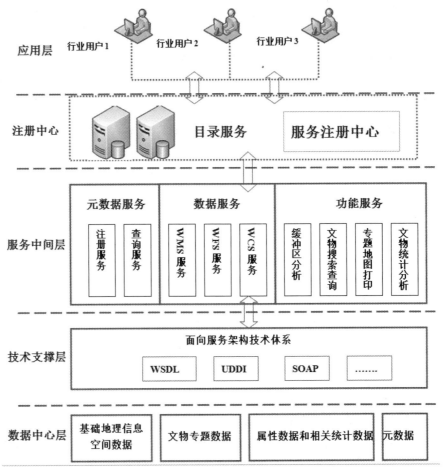

图 9-14　面向服务的文物管理信息系统共享架构

9.3.3　文物管理信息系统功能设计与实现

为更好地组织和管理文物普查的信息和提高文物普查信息管理的效率，建立文物管理信息平台可以在全市的基础地理地图上可视化的管理文物保护单位的信息。平台采用文字、专题信息的叠加显示和查询分析、图片和视频信息等多种直观的形式为文物专业人员提供一个面向服务架构的数据发布和分析平台，系统由 6 个模块组成：

（1）文物管理

在系统设计中，需要按照一定的标准来组织管理文物普查数据的空间信息和属性信息。在本系统数据框架中的数据主要包括两大部分：一部分是 SOA 服务架构提供的WMS 数据服务，集成了 1:400 万、1:25 万、1:5 万、1:1000、1:500 多比例尺多等级缩放的基础空间地理数据，包括行政区划、道路、水系、居民地和地名等；另一部分为不可移动文物保护单位点的空间数据和属性数据。文物保护单位的属性信息主要存储在属性数据库中,主要包括文物编码、文物名称、文物所属年代、文物所属类别、文物等级、文物详细地址信息以及文物多媒体数据。本系统中的文物属性信息实现了 3 种分类方式,按年代分为夏商周、汉、隋唐五代、宋、明、清、民国、近现代等类别;按等级分为国家级、省级和市级;按类别分为古遗址、古墓葬、古建筑、石窟寺及石刻、近现代重要史迹及代表性建筑和其他类型。

(2)文物浏览

文物浏览实现对基础地理空间数据的无缝浏览和集成,包括放大、缩小、漫游、全图、属性信息查询、距离和面积量测等 GIS 常用功能,并且系统在此基础上提供了高分辨率航空正射影像服务。在大比例尺矢量地图和高清航空影像上叠加显示全市不可移动文物专题图层,可为了解文物分布情况和周边环境提供直观可视化的平台。如图 9-15 所示,在矢量地图上叠加高分辨率航空正射影像,可了解泰州清代文物学政试院的周边人文和自然环境。

图 9-15　泰州市学政试院

(3)文物搜索

通过对研究区域内的文物古迹的价值判断和对文物产生影响的非文物信息如公共设施、道路交通,系统基于分类搜索和区域搜索,可按文物的类别、所属年代和等级信息查询定位,在此基础之上叠加影像服务,可以为管理规划及时提供信息支持。例如,泰州市地处江苏省中部、长江下游北岸,地理位置约为东经 119°49′—120°,北纬 32°09′—32°33′。泰州历史悠久,自古以来就是江淮大地上的文化名城,明朝时期经济繁荣,文化昌盛。第三次全国文物普查工作已接近尾声,普查全市不可移动文物 773 处,是泰州历史悠久的见证。泰州市的城市规划要考虑对文物保护单位的保护,如对钟楼巷街区进行建设规划,规划部门和管理者可基于文物搜索功能搜索钟楼巷规划范围内的文物保护单位,系统可显示泰州市钟楼巷区域的不可移动文物的详细地理空间信息和属性信息,从而对文物进行合理的规划，文物搜索查询定位结果如图 9-16 所示。

图 9-16　泰州市文物区域搜索定位结果

（4）文物三维管理

不可移动文物是具有一定历史价值的人类遗迹，如历史建筑。系统为管理者提供泰州部分古建筑的精细三维模型服务，精细三维模型可以帮助管理者全面地了解历史文物建筑的外观结构及其内部细节信息，为文物管理者就文物现状保护提供支持，如图 9-17 所示泰州市梅兰芳纪念馆的精细三维模型。

图 9-17　泰州市梅兰芳纪念馆精细三维模型管理

（5）新的文物标注

管理者可以在影像上的文物保护单位添加公共标注和私有标注，描述文物的出土方案和备注信息，这可以作为文物保护单位工作人员的工作便签使用，从而形成专题数据更新。文物标注中的定位功能可快速定位至刚更新的标注信息，此外系统还提供了图片上传功能描述文物的保护现状，如图 9-18 所示标注的江苏省泰州中学百年老校，是省级文物重点保护单位，从而方便管理者管理。

图 9-18　新增文物标注信息管理

（6）文物信息输出

为了更好地管理文物信息，文物信息输出模块提供了文物信息报表的输出，管理者可以输出待规划区域内的所有文物属性信息。输出产品包括各种专题地图、数据表、属性表及各种文本资料，图 9-19 所示的泰州市某一规划区域内的重点文物保护单位信息的输出报表。

泰州文物信息输出报表

数据来源：江苏省泰州市国土资源局　　　　日期：2011/8/30 9:07:02

名称	类别	时代	地址	X	Y	详细信息	等级	编码
铜钟	其他	隋唐五代	五一路90号光孝寺内	119.90664483	32.49218456	隋唐五代铜钟	江苏省文物保护单位	S08
储罐墓	古墓葬	明	海陵区城西街道唐楼村	119.8778664	32.4897088	明代储罐墓	泰州市文物保护单位	T05
泰州新安会馆	古建筑	清	五一路172号	119.90489077	32.49329282	清代泰州新安会馆	泰州市文物保护单位	T34
李审庵故居	古建筑	清	五一路东首	119.91103109	32.4921447	清代古建筑	泰州市文物保护单位	T13
钟楼	古建筑	清	钟楼巷58号	119.91302986	32.49130505	清代钟楼古建筑	泰州市文物保护单位	T21
府前街明代住宅	古建筑	明	海陵区府前路	119.91355642	32.49262181	明代住宅	泰州市文物保护单位	T29
孙家桥	古建筑	明	城区北部稻河上	119.91237693	32.50508909	孙家桥古建筑	泰州市文物保护单位	T40
钱桂森故居	古建筑	清	海陵北路120弄6号	119.91293042	32.49991869	钱桂森故居古建筑	泰州市文物保护单位	T25
尤氏住宅	古建筑	清	涵西街32号	119.91293005	32.49953939	清代古建筑	泰州市文物保护单位	T12
北瓦厂巷王宅	古建筑	清	北瓦厂巷3号	119.91495031	32.50048317	清代古建筑	泰州市文物保护单位	T65
顾家巷10号王宅	古建筑	清	顾家巷10号	119.91469602	32.50218739	顾家巷古建筑	泰州市文物保护单位	T70

图 9-19　泰州规划区域内的重点文物保护单位的报表输出

面向服务架构的文物管理系统采用高性能的 GIS 基础软件平台和空间数据库引擎技术实现空间数据和属性数据的一体化管理，采用面向服务架构的关键技术建设不可移动文物管理系统，将与不可移动文物相关的地图信息、图片信息、影像信息及文字资料有机结合起来，将大量的不可移动文物信息数据进行信息化处理，并使其产生的信息能够达到广泛的共享和有效的利用，为政府机关、文物保护机构管理保护工作提供了决策支持，提高了文物保护及考古工作的科技含量和管理效率。

9.4 东钱湖智慧地理信息系统建设

为了更好地推进和服务智慧城市建设，管理和开发利用基础地理信息资源，建立公益性、基础性和前瞻性的空间数据基础设施，为社会经济的各个方面提供统一标准的、精确的、权威的基础地理信息资源，为其他专业信息系统建设和各种地图产品的综合开发利用提供统一的基础平台，市东钱湖旅游度假区实施智慧地理信息系统建设。其核心是一个满足东钱湖区域政府及社会各行业需要，适应广泛地理空间信息要求的基础空间数据库，形成集基础空间数据的采集、更新、处理、分析和业务办公于一体的由软件、硬件、数据、网络以及人员构成的高效信息平台，以测绘与规划专业领域为重点突破口，切入测绘数据共享、规划信息管理等业务工作实际需求，建立完整的信息系统平台。

东钱湖智慧地理信息系统，主要集成管理包括规划编制成果、建设工程规划审批信息、基础测绘成果在内的库的地理空间资源体系，面向业务建立规划成果信息管理系统，以城市三维仿真平台和移动服务应用为规划方案评审、移动办公执法和领导决策提供科学支撑。

9.4.1 东钱湖智慧地理信息建设概述

为加强规划与测绘的信息化管理工作，推进智慧地理信息的建设，按照智慧城市的总体部署，市东钱湖旅游度假区实施了东钱湖智慧地理信息系统。区域原有的基础地形图和政务电子地图均分测区跨年度施测，数据零散和杂乱，历年城市规划成果数据主要以纸质文件方式存储和手工管理，给成果的调阅和使用带来很大困难，空间地理信息的集成管理和共享缺乏有效机制。

为解决以上问题，需要建立完整统一的智慧地理信息系统，充分利用原有的基础测绘数据和制作城市三维精细模型，实现测绘与规划信息的集成、互操作和共享，为规划业务、领导决策和移动办公提供服务。

9.4.2 智慧地理信息系统设计

东钱湖智慧地理信息系统，主要按照三层架构模式设计，即数据层、服务层和应用层，见图 9-20。

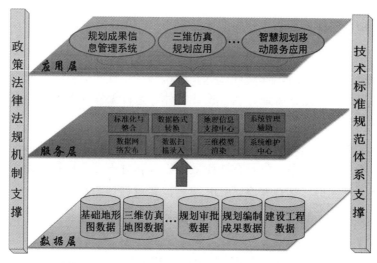

图 9-20　东钱湖智慧地理信息系统框架

数据层是系统的基础层，负责对数据库的存储组织和访问控制。本层提供了对外统一的数据发布标准和访问方式，具体集成了包括基础地形数据、遥感影像数据、三维仿真数据等地理空间数据和规划审批数据、规划编制成果数据和建设工程数据等规划专题数据，并分别建立相应数据库管理。

服务层基于数据层为前端应用层各种应用系统提供了一系列的标准服务接口。根据不同系统的共性需求，实现了对公共服务的统一管理和集成，并通过不同的调用方式提供应用服务。服务层作为数据层和应用层的中间层，包括的主要内容为针对各类数据的标准化与整合、数据格式转换、地理信息支撑中心、系统管理辅助、数据网络发布、数据扫描录入、三维模型渲染和系统维护中心等。

应用层涵盖了系统需要建设的三个系统平台，具体是二维规划成果信息管理系统、三维仿真规划应用系统以及智慧规划移动服务应用系统。其中二维规划成果信息管理系统包括基础地理数据和规划成果档案管理，提供针对东钱湖区域 1:500 等比例尺地形图的数据整合、图幅调用、控制点查询、接图表制作和控制网图整合等；规划成果档案管理，则针对历年规划审批数据、规划编制数据和建设工程等档案文件数据提供方便的在线查询浏览、调阅和检索功能。

三维仿真规划应用系统是采用最新的计算机技术和三维仿真技术，结合规划业务实际需求，实现对东钱湖新系统核心区 1.64 平方千米的城市三维精细化模型的管理，以提高规划的智慧性和精细性。

智慧规划移动服务应用系统是移动设备平台中实现控制性详细规划、土地利用总体规划图、各类规划编制成果图、区域内重点项目分布图的实时浏览、查询、录入和整合。应用层是面向用户级别的层，负责与用户产生交互行为，并且传送用户的行为指令到服务层。

（1）基础数据整理及规划数据库

规划成果数据库包括规划审批数据、规划编制成果数据和建设工程数据。规划审批数据主要为规划选址意见书、规划用地许可证、规划设计条件等；规划编制成果数据为总体规划、控制性详细规划、修建性详细规划和其他专项规划等几大类数据；建设工程审批数据主要分为区重点工程项目、政府投资项目、普通项目、征地项目等几类，包括选址意见书、用地规划许可证、规划设计条件、建设工程规划方案、工程规划许可证、规划验收等六个过程数据信息。

规划成果数据库的建设主要通过扫描、加工和整理录入到规划数据库中。规划成果数据库建库的总体思路是：将具有法律效力约束和对于日后规划管理在应用上有指导性意义的规划编制图进行整合入库（SDE库），其他规划图及规划类文件的浏览采取路径调档方式实现，历年规划审批数据、规划编制数据和建设工程规划数据的纸质形式扫描数字化以文件方式保存，相关的规划元数据进行录入、数据标准化整理和数据入库。

根据上述总体思路，相关的规划范围线、规划项目名称及项目信息等需要入SDE库，其他要素均不入库。修建性详细规划中的总平图范围线、指标图、地块需要入库，且文物保护范围要入库，设置专门图层，放置历史文物点、块和面。在对数据实际应用时，空间数据库（规划编制SDE库）与规划编制图档库相结合，通过项目编号和路径的关联，实现文件级调阅的目的，由空间数据和规划文件数据共同组成以方便规划编制数据的集成和共享应用。

（2）面向业务的规划成果信息化管理

规划成果信息化管理系统集成1:500基础地形图管理、规划审批成果管理、规划编制成果管理和建设工程规划管理等规划成果数据，实现对历年规划选址意见书、用地规划许可证和建设工程规划许可证等数据的管理、调阅和查询，主要包括以下子模块：分类信息、数据扫描、数据录入、数据浏览、成果调阅、综合检索、统计分析和系统帮助。规划成果信息化管理系统的功能设计如图9-21所示：

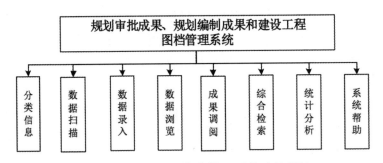

图9-21　规划成果信息管理系统功能设计

（3）三维仿真规划应用

三维仿真规划应用提供地理信息三维可视化平台所需的影像、矢量、地形等空间数据和三维建筑物模型数据的处理、组织、管理和维护功能；空间信息服务与发布子模块（服务器端）提供空间信息的服务与发布功能；地理信息三维可视化服务子模块作为三维客户端，侧重于多源、多尺度地理信息的三维浏览和查询功能。三维仿真规划系统主要功能如下所述：

①数据组织与管理子模块。该子模块主要负责海量影像、地形、三维城市模型等数据的预处理、压缩和组织，提供数据存储访问的接口，分为数据库访问接口和文件系统数据访问接口。

数据处理与压缩，提供对数据格式、坐标变换、投影变换等数据处理功能，实现数据压缩存储。三维模型和地形（DEM）数据中金字塔结构，则将处理好的海量地形数据进行分块和分层处理，建立连续多分辨率金字塔结构的三维模型和地形数据服务库。

文件系统数据访问接口，提供对文件系统组织和管理的空间数据的数据操纵。数据建库与更新工具，通过开发与现有栅格数据接口，并利用数据可访问接口，实现影像数据、地形数据建库等栅格数据库的管理，并实现浏览数据库的方便更新。

②空间信息服务与发布子模块。该子模块主要负责提供基于网络环境下的海量三维空间数据浏览、查询与分析服务等，是软件的核心子模块。主要包括：

影像数据服务，基于 HTTP 协议，在海量多分辨率影像数据组织基础上，提供网络环境下的海量影像数据服务；地形数据服务，基于 HTTP 协议，在多尺度地形数据组织基础上，提供网络环境下的地形数据服务；三维模型数据服务，基于 HTTP 协议，在三维建模基础上进行数据组织，提供网络环境下的三维模型数据服务。

③地理信息三维可视化服务子模块。该子模块实现海量影像、地形、三维模型、地名数据等实时浏览、信息查询。主要包括：场景的缩放和漫游，支持多分辨率影像数据、地形数据的连续放大和缩小；图层控制功能；经纬度的定位。

（4）智慧规划移动服务应用

智慧规划移动服务应用，是基于 3G/WIFI 网络在移动终端（如 IPAD）上可方便浏览各类地理数据及规划专题信息的客户端软件，是智慧城市建设在规划业务领域中的扩展应用，整合二维、2.5 维、政务电子地图等基础空间数据，拓展移动办公业务形式，方便规划管理人员随时随地、快速浏览与查询各类规划信息，提高规划现场调研工作效率。主要包括以下功能：

支持多种地理数据，如政务电子地图数据、影像数据、2.5 维数据等，可在各类地图数据中进行自由切换，方便地图浏览和漫游；采集、处理、整合、录入规划信息数据，在移动终端实现图片、文字等各种形式的规划信息的采集、录入和浏览，实现与地理底图的无缝集成；综合查询各类数据，一键式搜索平台中所有信息（如地名、地址、规划等），搜索结果叠加在电子地图、影像数据上，并实现分类显示缩略信息；提供完备的后台配置，新增数据只需按照一定规则处理，即可进入平台，无须额外开发；根据用户权限，拥有不同级别的数据访问能力和的功能模块。

9.4.3　应用系统实现

东钱湖智慧地理信息系统以基础地理空间数据资源体系建设为基础，推进区域规划与地理信息共享服务，搭建一套完整的地理信息集成应用系统，已实现移动端办公、三维仿真和规划档案在线管理等创新工作模式。

智慧规划移动服务应用，主要是以移动终端 IPAD 为载体，实现政务电子地图、土地利用规划数据、用地控制性规划、建设工程等信息的便携式调阅和共享，图 9-22 使用 IPAD2 移动设备在线调阅东钱湖区域用地规划信息，以实时了解每个地块的用地规划类型。

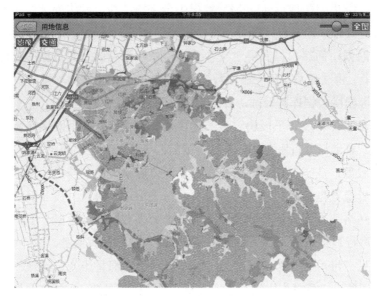

图 9-22　智慧规划移动服务应用

三维仿真规划应用（见图 9-23），以真三维空间直观生动地展现东钱湖新城核心区规划方案，结合周围地形地貌环境和道路水系网，支持方案的科学客观评审。

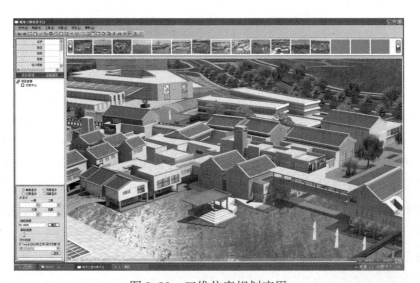

图 9-23　三维仿真规划应用

东钱湖规划成果信息化管理，以整理的历年规划审批、编制和建设工程等数据为基础，结合基础地理空间数据库，实现各类规划成果的在线浏览、调阅和检索。图 9-24 即在线调阅东钱湖区域 2009 年控制性规划信息。

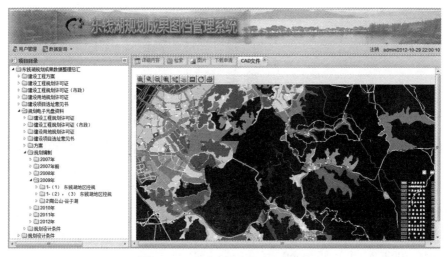

图 9-24 规划成果信息化管理

东钱湖智慧地理信息系统的建立及其一系列的示范应用，是当前智慧城市建设重要的延伸和拓展，也是智慧东钱湖框架中地理空间定位和资源共享的前提和基础。通过东钱湖智慧地理信息系统，以基础测绘和城市规划为专业切入点，梳理与整合了区域原有的基础地理空间资源体系，面向业务应用对历年规划编制和建设工程进行标准化规范建库，实现信息化规划成果档案管理。同时，开发建立了三维仿真规划应用和智慧规划移动服务应用系统，为规划审批和辅助决策提供技术支撑。

在系统建设中，也面临各种问题和挑战，包括：信息化建设基础薄弱，历年规划成果数据不完整、标准不统一、归档不规范，信息化建设刚起步；关键技术攻关难度大，规划成果数据标准化、数据库建设、大规模三维场景的快速渲染、海量数据的网络传输和可视化、移动平台的智慧应用等关键技术实现和应用难度也越来越大。该系统建设克服了以上困难，为智慧地理信息系统提供了有益解决方案，可推广应用于智慧区域及其示范应用工程建设。

9.5 本章小结

互联网 GIS 系统的设计与实现，可以借鉴计算机网络技术、地理信息技术、Web Service 技术、SOA 体系架构等方面知识，构建数字城市地理空间信息共享平台框架模式、模型和具体实现。本章分别从常见的旅游、文物、规划等专题 GIS 系统的设计与实现出发，详细介绍了示范应用系统的总体设计、数据库设计、功能设计和实现特色，为互联网 GIS 设计与实现提供参考，有益地推动数字城市地理空间框架建设示范工程、国家地理信息公共服务平台和地理国情监测等主题应用。

参考文献

[1] Goodchild M F. Citizens as Voluntary Sensors: Spatial Data Infrastructure in the World of Web 2.0[J]. International Journal of Spatial Data Infrastructures Research，2007，2:024-032

[2] Yang C，Raskin R. Introduction to Distributed Geographic Information Processing Research[J]. International Journal of Geographical Information Science, 2009, 23(05):553-560

[3] 李德仁，龚健雅，邵振峰. 从数字地球到智慧地球 [J]. 武汉大学学报·信息科学版，2010, 35(02):0127-0132

[4] 李德仁，邵振峰. 论新地理信息时代 [J]. 中国科学 F 辑：信息科学，2009(6):579-587

[5] 李成名，刘晓丽，印洁等. 数字城市到智慧城市的思考与探索 [J]. 测绘通报，2013, 3:1-3

[6] 乔朝飞. 大数据及其对测绘地理信息工作的启示 [J]. 测绘通报, 2013, 1:107-109

[7] 杜冲，司望利，许珺. 基于地理语义的空间关系查询和推理 [J]. 地球信息科学学报，2010, 12(1):48-55

[8] 刘勇，李成名. 基于业务模板的地理信息服务语义集成方法研究 [J]. 测绘科学，2011, 36(2):84-87

[9] 徐开明，吴华意，龚健雅. 基于多级异构空间数据库的地理信息公共服务机制 [J]. 武汉大学学报·信息科学版，2008, 33(04):0402-0404

[10] 武昊，廖安平，彭舒. 面向服务契约的地理信息 Web 服务自适应集成方法研究 [J]. 测绘通报，2012, 1:74-77

[11] 李伟，陈毓芬，邓毅博. 以人为本的地图服务用户体系模型构建 [J]. 测绘通报，2013, 2:34-37

[12] 张康聪（Chang, K. T.）. 地理信息系统导论（第三版）[M]. 北京：科学出版社, 2006

[13] 龚健雅，李德仁. 论地球空间信息服务技术的发展. 测绘通报，2008 第 5 期

[14] 龚健雅，杜道生，李清泉等. 当代地理信息技术 [M]. 北京：科学出版社, 2004

[15] 柴晓路，梁宇奇. web service 技术、架构和运用 [M]. 北京：电子工业出版社, 2003

[16] ArcGIS Server Geospatial Service-Oriented Architecture. http://www.esri.com/library/whitepapers/pdfs/geospatial-soa.pdf

[17] 唐黎明，尤黎明. 基于 MapPoint 网络服务的移动 GIS 系统开发 [J]. 兰州工业高等

专科学校学报，2006.3，vol. 13 No. 1:18-20

[18] http://www. terraserver. com/

[19] http://www. supermap. com. cn/html/Software. html

[20] 巫丹丹，李冠宇. 面向服务的 Web 异构数据集成体系结构研究 [J]. 计算机与数字工程, 2007 第 8 期 35 卷

[21] Manoj Paul, S. K. Ghosh. An Approach for Service Oriented Discovery and Retrieval of Spatial Data. International Workshop on Service Oriented software Engineer[C], Shanghai: ACM Press, 2006:88-94

[22] 黄裕霞，黄裕锋. Clearinghouse（数据交换中心）与数字化地理信息共享. 遥感信息 [J], 2003. 1

[23] 郭倩. 地理信息 Web Service 研究与实践 [D]. 郑州：解放军信息工程大学, 2007

[24] 郭玲玲. 基于 Ontology 的政务信息资源交换与共享平台及其关键技术研究 [D]. 北京：北京大学, 2004

[25] Nadine S. Alameh, Scalable and Extensible Infrastructures for Distributing Interoperable Geographic Imformation Services on The Internet. http://web. mit. edu/nadinesa/oldWWW/thesis/Abstract. pdf

[26] Nadine Alameh. Service Chaining of Interoperable Geographic Information Web Services. http://web. mit. edu/nadinesa/www/paper2. pdf, 2002

[27] Nadine Alameh, Chaining GIS Web Services, http://www. gisdevelopment. net/proceedings/gita/2003/ebiz/ebiz13. asp

[28] Bernard. interoperabilities in GIServices chains the way forward. 2003

[29] 贾文钰. 分布式 GIS 服务链集成关键技术 [D]. 武汉：武汉大学, 2005

[30] 靖常峰. GIS 服务链模型研究及基于工作流技术的实现 [D]. 杭州：浙江大学, 2008

[31] Mathias Weske, Gottfried Vossen. Workflow managementin geoproeessing applieations. GIS' 98 Proeeedings of the 6th ACM international symposium on Advances information systems. USA:ACMPress, 1998. 88-93

[32] 王华敏，边馥苓. 基于微工作流的可扩展 GIS 模型研究 [J]. 武汉大学学报（信息科学版），2004(02):127-13

[33] 李满春，高月明. 基于工作流和GIS的土地利用规划管理信息系统体系结构研究 [J]. 现代测绘，2004(05):3-5

[34] ArcGIS Workflow Manager. http://www. esri. com/software/arcgis/extensions/arcgis-workflow-manager/index. html

[35] 吴信才. 新一代 MapGIS[J]. 地理信息世界，2004(02):3-7

[36] Salasin John, Madni Azad M. Metrics for Service-Oriented Architecture(SOA) systems: What developers should know[J], Journal of Integrated Design and Process Science, 2007, 11(2): 55-71

[37] Web Service Description Language (WSDL) 1.0. IBM, 25 Sep 2000

[38] 架构 Web Service: 为什么需要 Web Service?. http://www.ibm.com/developerworks/cn/webservices/ws-wsar/part1/index.html

[39] 架构 Web Service: 描述与注册，发布 Web Service. https://www.ibm.com/developerworks/cn/webservices/ws-wsar/part6/

[40] Web 服务:WSDL 专题. http://www.ibm.com/developerworks/cn/Web Services/ws-theme/ws-wsdl.html

[41] 架构 Web Service: 交互界面，Web 服务定义的核心. https://www.ibm.com/developerworks/cn/webservices/ws-wsar/part5/

[42] UDDI 执行白皮书. UDDI-China.org, UDDI.org

[43] UDDI 技术白皮书. UDDI-China.org, UDDI.org

[44] UDDI 程序员 API 规范. UDDI-China.org, UDDI.org

[45] UDDI 数据结构参考. UDDI-China.org, UDDI.org

[46] OGC Abstract Specifications Topic 12-The OpenGIS Service Architecture. http://www.opengeospatial.org/standards/as/

[47] OGC Abstract Specifications Topic 11-Metadata. http://www.opengeospatial.org/standards/as

[48] OpenGIS Web Map Service (WMS) Implementation Specification . http://www.opengeospatial.org/standards/wms

[49] OpenGIS Web Coverage Service (WCS) Implementation Standard. http://www.opengeospatial.org/standards/wcs

[50] OpenGIS Web Feature Service (WFS) Implementation Specification. http://www.opengeospatial.org/standards/wfs

[51] OGC. Web Processing Service (WPS)Implementation Specification. http://www.opengeospatial.org/standards/wps

[52] 杨朝辉. 基于 WPS 的空间信息服务 [D]. 成都:成都理工大学,2009

[53] 孙雨，李国庆. 基于 OGC WPS 标准的处理服务实现研究 [J]. 计算机科学,2009Vol.36 No.8

[54] 张登荣，俞乐，邓超. 基于 OGC WPS 的 Web 环境遥感图像处理技术研究 [J]. 浙江大学学报（工学版），Vol.42 No.7,Jul.2008

[55] 刘军志，宋现锋，汪超亮，胡勇. 基于 OGC WPS 的遥感图像分布式检索系统研究 [J]. 地理与地理信息科学,Vol.24 No.4,July 2008

[56] Jáchym Čepický,. OGC WEB PROCESSING SERVICE AND IT'S USAGE[J]. GIS Ostrava 2008, Ostrava 27.30.1.2008

[57] Geography Markup Language. http://www.opengeospatial.org/standards/gml

[58] UDDI v2 新特性：第三方分类法和标识系统

[59] http://www.ibm.com/developerworks/cn/Web Services/ws-UDDI2/part2/index.html

［60］ Web Services Business Process Execution Language Version 2.0

［61］ http://docs.oasis-open.org/wsbpel/2.0/OS/wsbpel-v2.0-OS.html

［62］ Business Process Execution Language. http://en.wikipedia.org/wiki/Business_Process_Execution_Language

［63］ Wokflow Management Coalition:The Wokflow Reference Model(WFMC-TC00-1003 Issue1.1).1995

［64］ Wokflow Management Coalition:The Wokflow Mangement Coalition Terminology and Glossary(WFMC-TC-1011 Issue3.0);1999

［65］ David Hollingsworth:The Workflow Reference Model:10 Years On; Workflow Handbook 2004, p295-312;2004

［66］ 王建民，闻立杰等译．工作流管理—模型、方法和系统［M］．北京：清华大学出版社，2004

［67］ 赵卫东．工作流过程模型研究［J］．系统工程理论方法和应用．第11卷第3期，Vol.36 No.8 Aug2009

［68］ 赵合计，孙正美，张立春．基于UML活动图的工作流建模方法［J］．烟台师范学院学报（自然科学版），2002,18(4):241-246

［69］ 贺春林，滕云，彭仁明．一种基于ECA规则的Web Service工作流模型的研究［J］．计算机科学,2009年08期

［70］ 汪文元，沙基昌．基于petri网和UML活动图工作流建模比较［J］，系统仿真学报，Vol.18No.27 Feb2006

［71］ 曲扬．基于Petri网的工作流建模和分析方法研究［D］．北京：清华大学，2004

［72］ 谷建鑫，仇建伟．基于Petri网的工作流模型［J］．计算机工程与设计，2005,2(26)：513-515

［73］ 陈应东，崔铁军，卢占伟．基于SOA的空间信息服务架构模式［J］．地理信息世界,2008,12(6):49-52,72

［74］ 邓术军，吕晓华，王力明等．基于SOA的地理信息服务体系研究［J］．测绘科学技术学报,2009,26(4):261-264

［75］ 赵珊，郭建忠，成毅等．基于UDDI扩展的地理空间信息网格注册中心设计［J］．测绘信息与工程,2008,33(2):36-38

［76］ Di, L., A. Chen, et al. (2008) "The development of a geospatial data Grid by integrating OGC Web services with Globus-based Grid technology". Concurrency and Computation: Practice and Experience 20: 1617-1635

［77］ Zhang, L.-J., Q. Zhou, et al. (2004). A Dynamic Services Discovery Framework for Traversing Web Services Representation Chain. the IEEE International Conference on Web Services, Computer Society

［78］ Roy Thomas Fielding. Architectural Styles and the Design of Network-based Software Architectures. Doctor dissertation of University of California, Irvine, 2000

[79] Open GIS Consortium(OGC). OpenGIS Web Map Service (WMS) Implementation Specification(1. 3. 0). http://www. opengeospatial. org/standards/wms, 2006-03-15

[80] Open GIS Consortium(OGC). OpenGIS Web Feature Service (WFS) Implementation Specification(1. 1. 0). http://www. opengeospatial. org/standards/wfs, 2005-05-03

[81] Open GIS Consortium(OGC). Web Coverage Service (WCS) Implementation Standard(1. 1. 2). http://www. opengeospatial. org/standards/wcs, 2008-03-19

[82] Open GIS Consortium(OGC). OpenGIS Filter Encoding Implementation Specification(1. 1). http://www. opengeospatial. org/standards/filter, 2005-05-03

[83] ELWOOD S. Grassroots Groups as Stakeholders in Spatial Data Infrastructures: Challenges and Opportunities for Local Data Development and Sharing[J]. International Journal of Geographical Information Science, 2008, 22(1):71-90

[84] PENG Z R. A Proposed Framework for Feature-level Geospatial Data Sharing: A Case Study for Transportation Network Data[J]. International Journal of Geographical Information Science, 2005, 19(4):459-481

[85] ZHANG C, LI W. The Roles of Web Feature and Web Map Services in Real-time Geospatial Data Sharing for Time-critical Applications[J]. Cartography and Geographic Information Science, 2005, 32(4):269-283

[86] 杨慧, 盛业华, 温永宁等. 基于 Web Services 的地理模型分布式共享方法 [J]. 武汉大学学报·信息科学版, 2009, 34(2):142-145

[87] 史云飞, 李霖, 张玲玲. 普适地理信息框架及其核心内容研究 [J]. 武汉大学学报·信息科学版, 2009, 34(2):0150-0153

[88] 郭仁忠, 刘江涛, 彭子风等. 开放式空间基础信息平台的发展特征与技术内涵 [J]. 测绘学报, 2012, 41(3):323-326

[89] 龙凤鸣, 李成名, 袁学旺. 面向任务的 GIS 服务应用研究 [J]. 测绘通报, 2012(10):92-95

[90] 杜峰. 手机网民占总网民数 65.5% 移动互联网尚存隐忧 [N]. 通信信息报, 2011

[91] 刘思言. 可穿戴智能设备引领未来终端市场, 诸多关键技术仍待突破 [J]. 世界电信, World Telecommunications, 2013, 12:38-42

[92] 智能手环计步精确度低于智能手机 [N]. www. chinadaily. com. cn/hqcj/xfly/2015-02-13/content_13231536. html, 2015-02-13

[93] Reto Meier 著. Android 4 高级编程 [M]. 第 3 版. 佘建伟, 赵凯译. 北京:清华大学出版社. 2013. 4

[94] 李刚著. 疯狂 Android 讲义 [M]. 第 2 版. 北京:电子工业出版社. 2013

[95] 百度 LBS 开放平台. http://developer. baidu. com/map/sdk-android. htm

[96] Android API 官方文档. https://developer. android. com/intl/zh-cn/reference/Packages. html

[97] 汲康. 基于 IOS 的娱乐计步软件 _HEALTHY_PIG_ 的设计与实现 [D], 2012

[98] 李云鹏. 基于旅游信息服务视角的智慧旅游 [N]. 中国旅游报, 2013-1-9(23)

[99] 杨晓梅，张韵婕，蓝荣钦等．智能旅游信息系统的研究与实现 [J]．测绘科学技术学报，2012, 29(5):321-325

[100] Max Craglia, Kees de Bie, Davina Jackson, et al. Digital Earth 2020: towards the vision for the next decade[J]. International Journal of Digital Earth, 2012,5(1):4-21

[101] Yang C, Raskin R. Introduction to Distributed Geographic Information Processing Research[J]. International Journal of Geographical Information Science, 2009, 23(05):553-560

[102] Zhenlong Li, Chaowei Phil Yang, Huayi Wu, et al. An optimized framework for seamlessly integrating OGC Web Services to support geospatial sciences[J]. International Journal of Geographical Information Science, 2011, 25(4):595-613

[103] 杨小玲，甘文勇，杨隆浩等．基于 Web Services 的旅游信息集成技术 [J]．福州大学学报（自然科学版），2013, 41(2):178-181

[104] 俞成海，曾焕凯，宋瑾钰．基于 LBS 技术的旅游信息服务系统的设计和实现 [J]．浙江理工大学学报，2013, 30(2):228-231

[105] 芦维忠，冉福祥，陈春叶．天水旅游信息系统的设计与实现 [J]．测绘与空间地理信息，2012, 35(11):74-76

[106] 郭仁忠，刘江涛，彭子风等．开放式空间基础信息平台的发展特征与技术内涵 [J]．测绘学报，2012, 41(3):323-326

[107] 刘勇，李成名．基于业务模板的地理信息服务语义集成方法研究 [J]．测绘科学，2011, 36(2):84-87

[108] 曹杨，张志浩，杨景荣等．基于 3S 不可移动文物管理系统的实现 [J]．辽宁石油化工大学学报，2011, 31(2):54-57

[109] 郑佳佳，赵军．滁州市不可移动文物管理信息系统设计和实现 [J]．地理空间信息，2009, 7(5):45-47

[110] 周娅，谢志仁．GIS 支持下文物保护管理信息系统设计与实现 [J]．东北测绘，2002, 25(1):13-16

[111] 邹捷．基于 WebGIS 的考古遗址信息系统的设计与实现 [D]．西安：西北大学，2006

[112] 李德仁，黄俊华，邵振峰．面向服务的数字城市共享平台框架的设计与实现 [J]．武汉大学学报（信息科学版），2008, 33(9):881-885

[113] 面向服务体系结构（SOA）的研究与应用 [D]．上海：华东师范大学，2005

[114] 诸云强，冯敏，宋佳等．基于 SOA 的地球系统科学数据共享平台架构设计与实现 [J]．地球信息科学学报，2009, 11(1):1-9

[115] 易明华，何忠焕．基于 SOA 的空间地理信息共享研究 [J]．测绘与空间地理信息，2009, 32(6):102-104

[116] 谢昕．我国智慧城市发展现状及相关建议 [J]．上海信息化，2012, 1:12-15

[117] 陆一中，庄文彬，杨剑．地理信息技术服务城市规划的有关理念及实施策略研究

[J]. 城市勘测, 2009, 6:135-137

[118] 张训虎, 朱辉, 陈秋伟. 三维地理信息系统在城市规划领域应用研究 [J]. 北京测绘, 2012, 3:1-4

[119] 杨盈, 陈学业. 对改进规划国土地理信息系统的几点思考 [J]. 测绘通报, 2010, 7:53-55

[120] 蒲德祥, 陈甲全, 高翔. 地理信息技术在城市规划编制中的应用 [J]. 地理空间信息, 2012, 10(3):6-8

[121] 王军, 周伟, 田鹏等. 城市三维基础地理信息系统在城市规划中的应用 [J]. 工程勘察, 2010, 11:56-61

[122] ESRI 中国. URL: http://www. esrichina-bj. cn

[123] 陈洪磊. 面向 RIA 的 Web 应用程序框架研究 [D]. 西北工业大学, 2007

[124] 彭晓川. 基于 Flex 的 RIA 与 J2EE 的应用整合 [J]. 电脑与电信, 2008.2

[125] 耿苏保. 基于 ArcgisServer 和 Flex 的综合资源管理 GIS 实现 [D]. 山东:山东大学, 2012

[126] 张瑜. 基于 Flex 和 ArcGIS Server 的 WebGIS 设计与研究 [D]. 南京:南京林业大学, 2011

[127] ESRI 中国(北京)有限公司. ArcGIS9.3 REST 基础教程 [M]. 北京, 2009

[128] Leonard Richardson, Sam Ruby. RESTful Services[M]. O'Reilly Media, Inc. 2007

[129] 张维. 基于 Flex 与 ArcGISServer 的 WebGIS 研究与实现 [D]. 江西:东华理工大学, 2012

[130] 杜云艳, 冯文娟, 何亚文等. 网络环境下的地理信息服务集成研究 [J]. 武汉大学学报·信息科学版, 2010, 35(03):0347-0349

[131] 孙隆祥, 张成成, 方驰宇. 基于服务元数据的资源注册中心设计与实现 [J]. 测绘科学, 2012, 37(2):155-157

[132] 王军, 臧淑英. 地理信息公共服务平台的网络化服务建设研究 [J]. 测绘与空间地理信息, 2010, 33(2):16-17

[133] 吴柏燕. 空间数据水印技术的研究与开发 [D]. 武汉大学, 2010.4

[134] 郭婧, 张立朝, 王科伟. 基于 ArcGIS Server 构建地理信息服务 [J]. 测绘科学, 2007, 32(3):91-93

[135] 左进府, 洪金益, 黄丙湖. 基于 ArcGIS Server 的实时水情发布系统开发 [J]. 地理空间信息, 2011(9) 120-123

[136] 郭明武, 彭清山, 李黎. ArcGIS Server 中地图瓦片实时在线局部更新方法研究 [J]. 测绘通报, 2012(2):35-38

[137] 马劲松, 地理信息系统概论 [M]. 高等教育出版社. 2008:10-50

[138] 李治洪, WebGIS 原理与实践 [M]. 高等教育出版社. 2011:10-12

[139] 张振涛, 张海艳, 苏贵波, 李清生, 徐洪章, 庞小宁. 关于 WebGIS 关键技术与发展趋势的探讨 [J]. 科技信息, 2011, No.37014:228-229

[140] 邬伦，张晶，唐大仕，刘瑜．基于 Web GIS 的体系结构研究 [J]. 地理学与国土研究, 2001, 04:20-24

[141] 娄海凤．基于 Web GIS 的中国历史教育地图系统设计与开发 [D]. 河南大学, 2011

[142] 李云，刘学峰．基于 ASP 技术的 WebGIS 系统开发方法研究 [J]. 地理空间信息, 2003, 02:8-11

[143] 吴信才，郭玲玲，白玉琪. WebGIS 开发技术分析与系统实现 [J]. 计算机工程与应用, 2001, 05:96-99

[144] 吕锋，郭颖丽. Web GIS 的系统结构及其实现技术 [J]. 国外建材科技, 2004, 1:51-53

[145] 张胜，康志伟．基于 .NET 技术的 WebGIS 系统的设计与实现 [J]. 计算机工程, 2006, 15:106-108

[146] 刘琦，潘瑜春，王雪峰，胡青泥．基于 B/S 模式的 WebGIS 应用系统研究 [J]. 计算机工程与应用, 2004, 20:177-179